高等院校艺术设计专业"十二五"规划教材

# Photoshop CS
# 艺术设计教程

主 编　马　驰　　陆全龙
副主编　李　晶　　陈玲华　　王义汉　　张　鑫
参　编　余克文　　赵　云　　邓玉璋　　张　琪

**Photoshop CS Yishu Sheji Jiaocheng**

华中科技大学出版社

http://www.hustp.com

中国·武汉

# 内 容 简 介

　　本书共五章，主要介绍了 Photoshop CS5 和数字图像的基础知识；Photoshop CS5 的各种工具命令的使用方法；Photoshop CS5 的主要菜单命令及其应用；Photoshop 软件在标志设计、海报设计、书籍装帧设计等平面设计方面的运用，以及在数码照片处理、建筑效果图后期制作、插画制作方面的运用。

　　全书图文并茂、通俗易懂，能引导读者快速掌握 Photoshop 软件的操作技能。

　　本书可作为高等院校美术相关专业教材和社会相关领域培训班教材，也可作为广告设计、计算机美术设计、平面设计等从业人员的参考用书。

**图书在版编目(CIP)数据**

Photoshop CS 艺术设计教程 / 马驰　陆全龙　主编. —武汉：华中科技大学出版社,2011. 10
ISBN 978-7-5609-7135-3

Ⅰ. P… 　Ⅱ. ① 马… ② 陆… 　Ⅲ. 图形软件,Photoshop CS5-高等学校-教材 　Ⅳ. TP391.41

中国版本图书馆 CIP 数据核字(2011)第 092742 号

## Photoshop CS 艺术设计教程

马驰　陆全龙　主编

策划编辑：张　毅
责任编辑：张　琼
封面设计：龙文装帧
责任校对：李　琴
责任监印：张正林
出版发行：华中科技大学出版社(中国·武汉)
　　　　　武昌喻家山　　邮编：430074　　电话：(027)87557437
录　　排：武汉正风天下文化发展有限公司
印　　刷：武汉中远印务有限公司
开　　本：880 mm × 1230 mm　　1 / 16
印　　张：12.5
字　　数：380 千字
版　　次：2011 年 10 月第 1 版第 1 次印刷
定　　价：46. 00 元 (含 1CD)

Photoshop 软件是 Adobe 公司研制的专业的图像处理软件，它功能强大、应用广泛，适用于广告设计、印刷、网页设计、效果图后期处理、插画设计等多个方面。Photoshop 作为图形图像处理领域的专业软件，不断更新，以满足用户日益增长的平面设计、图像处理的需要。

本教程根据高校艺术设计类专业特点和人才培养目标编写，具有如下几方面的特色。

（1）在内容组织上遵循循序渐进的教学原则。本教程第 1 章至第 3 章讲解 Photoshop CS5 软件的基础知识；第 4 章和第 5 章分别讲解该软件在平面广告设计、图像处理、环艺效果图后期处理、插画等方面运用的综合实例。通过由浅入深的学习，让读者能快速掌握软件的基本知识和综合运用方法。

（2）适合开展案例式教学。本教程第 1 章至第 3 章通过图片解说和小例子讲解，使读者能在练习实例的过程中快速掌握软件操作界面基础知识、工具和菜单命令的使用方法；第 4 章和第 5 章通过综合性的实例，让读者了解该软件在不同艺术设计领域的应用，快速掌握软件的综合使用方法与技巧，提高应用能力。

（3）适用面广，具有一定的灵活性。前面三章讲解目前较新版本 Photoshop CS5 的基本知识；后面两章是使用较低版本 Photoshop 软件制作的综合实例(由于实例制作使用的是菜单操作和基本命令，使用 Photoshop CS2 至 Photoshop CS5 版本的用户按操作步骤都可以完成综合实例的制作)，以满足不同版本用户的使用需要。

本教程由马驰和陆全龙担任主编，李晶、陈玲华、王义汉、张鑫担任副主编，余克文、赵云、邓玉璋、张琪参加了编写工作。

由于时间有限，本教程难免有一些不足之处，还望读者批评指正。

编　者

2011 年 5 月

# 目录 MULU

# 第1章
# Photoshop CS5 概述 ...............

P hotoshop
CS
Y ishu Sheji
J iaocheng

## 1.1 Photoshop 软件简介 ONE

### 1. 软件特点及在艺术设计领域中的应用

Photoshop CS 是美国 Adobe 公司开发的一款跨平台的平面图像处理软件，由于其用户界面友好、功能强大、操作方便、性能稳定，所以 Photoshop 是全世界公认较好的平面美术设计软件，颇受专业设计人员和爱好图像处理的人们的青睐，主要应用于平面设计、网页设计、标志设计、包装设计、建筑效果图后期处理、影像创意及插画设计等方面。随着软件的不断更新，这种应用优势更加突显，所以 Photoshop 软件备受各行各业人士的青睐。

### 2. Photoshop CS5 新增功能

1) 内容自动填补

运用该功能，当删除图像中的某个区域遗留的空白区域时，软件会自动进行填补。

2) 镜头自动校正

该功能可对各种相机与镜头进行自动校正，主要包括减轻枕形失真、修饰曝光不足的黑色部分及修复色彩失焦。这种调节方式也支持手动操作，用户可以根据自己的情况进行不同的修复设置。

3) 全新笔刷系统

升级的笔刷系统以画笔和染料的物理特性为依托，新增多个参数，可实现较为鲜明的真实效果。

4) 64 位 Mac OSX 支持

Photoshop CS4 已经在 Windows 上实现了 64 位，现在 Photoshop CS5 平行移入了 Mac 平台，Mac 用户可以使用 4 GB 的内存，便于处理更大的图片。

5) Puppet Warp 功能

运用该功能，用户可以在一幅图像上建立网格，然后用"大头针"固定特定位置，其他的点可以用简单的拖拉移动来控制。

6) 更新对高动态范围摄影技术的支持

运用该功能，可以将曝光程度不同的影像结合起来，产生想要的效果。Adobe 公司认为，Photoshop CS5 的 HDR Pro 功能已超越目前市面上最常用的同类工具——HDRsoft 公司的 Photomatix。 Photoshop CS5 的 HDR Pro 可用来修补太亮或太暗的画面。

7) 先进的智能选择工具

一个先进的智能选择工具可容易地将某些物体从背景中隔离出来。Photoshop CS5 新增的智能去背景工具，可以进行复杂图形的去背景处理。

8) 处理高档相机中的 RAW 文件

该功能主要基于 Lightroom 3，在无损的条件下，图片的降噪和锐化处理效果更加优化。

## 1.2 数字图像基础知识 TWO

### 1. 像素与分辨率

1) 像素

像素指数码图像中的最小组成单位，像素是图像不能再被划分的最小单位。它是一个正方形，具有颜色、明暗，相对于整个图像的坐标等一些信息。一定数量的不同颜色的正方形小块进行排列组合，就可以用来表示一幅数码图像，也就是位图图像。通过数码相机拍摄、扫描仪扫描或位图软件输出的图像都是位图。

2）分辨率

像素是不能再被划分的点，但是单位长度上的像素点有多有少。单位长度上所拥有的像素点的数目，就是一幅图像的分辨率。由于数码图像都是由点、线和面组成的，那么相同面积内图像像素越多，画面就越精细。也就是说，图像的分辨率越高，图像就越清晰；反之则不清晰。最常见的衡量方法是以每英寸（1 in=2.54 cm）所具有的像素点数来比较。图像分辨率和图像尺寸(高×宽)的值一起决定文件的大小及输出图片的质量，分辨率越大的图形文件所占用的磁盘空间也就越大。文件大小与其图像分辨率的大小成正比。

## 2. 点阵图和矢量图

### 1）点阵图

点阵图又称位图、栅格图，是由许多小方块"像素"组成的图形，这些小方块可以进行不同的排列组合来构成图像。位图的特点是能很好地表现出景物颜色、光影和色彩的变化，很好地还原显示生活的景物。位图图片相对于矢量图来说占用的磁盘空间较大，图像的清晰程度与图片的分辨率有密切的关系。位图是由像素阵列的排列来实现其显示效果的，每个像素有自己独立的颜色信息，在进行位图图像编辑的时候，可操作的对象就是一个一个的像素，可以改变像素点的色相、饱和度、明度，从而实现图像的改变。当放大位图时，可以看见构成整幅图像的无数个方块（马赛克现象）。

### 2）矢量图

矢量图，也称为面向对象的图像或绘图图像。矢量文件中的图形元素称为对象。每个对象都是一个自成一体的实体，它具有颜色、形状、轮廓、大小和屏幕位置等属性。矢量图形是通过数学模型描述定义的，矢量图的大小与分辨率无关。这意味着它们可以按最大分辨率显示到输出设备上。矢量图的特点是可以无限放大，而且不会失真，但是其还原景物色彩的能力较差，图像的色彩层次和颜色丰富性不及位图图像，但是矢量图的文件比位图图像文件占用空间小。

## 3. 常用的文件格式

Photoshop 是一款支持很多图像文件格式的软件，可以存储的图像格式也很多，以下介绍几种常用的文件格式。

### 1）PSD/PDD 格式

PSD/PDD 格式是 Photoshop 的专用文件格式，PSD 和 PDD 文件可以存储为 RGB 或 CMYK 色彩模式的文件，还能够自定义颜色并进行存储，最主要的是它可以保存 Photoshop 的图层、通道、路径等信息，以方便用户对图像进行修改。PSD 格式是目前唯一能够支持全部图像色彩模式的格式，但是文件占用磁盘空间大，占用计算机内存空间也大。用 PSD 格式保存的文件是带有图层的，方便用户下次编辑。

### 2）JPEG 格式

JPEG 格式是 1980 年由 Joint Photographic Experts Group(JPEG)研发的图像文件格式，它的最大特点在于支持很大的压缩比例，用户可以选择适当的压缩比例来对图像进行压缩，从而减小图像所占的空间。JPEG 格式支持的颜色信息较多(24 位真彩色)，可以实现渐变等效果，在高压缩比例的前提下，JPEG 格式依然能够保证较高的图像质量(在压缩时一定会损失一些图像细节)，所以在互联网上的使用非常广泛。JPEG 文件的优点是文件占用空间较小，色彩的还原也比较出色，并且兼容性非常好，大部分的应用程序都能读取这种文件。

### 3）BMP 格式

BMP 格式是一种与硬件设备无关的图像文件格式，它的使用也非常广泛。它采用位映射存储文件格式，不采用其他任何压缩，因此，BMP 文件所占用的空间也很大。BMP 格式是 Windows 环境中交换所有与图像有关的数据的一种标准，因此在 Windows 环境中运行的图形图像软件都支持 BMP 图像格式。

### 4）TIF 格式

TIF 格式支持 RGB、CMYK、LAB、位图模式和灰度的颜色模式，并且在 RGB、CMYK 和灰度等三种颜色模式中还支持使用通道、图层和路径等功能。这种格式便于在应用程序之间和计算机平台之间进行图像数据交换。它还可以对图像进行一定程度的压缩，减小文件占用的空间。因此，TIF 格式应用非常广泛，可以在许多图像软件和平台之间转换，是一种非常灵活的位图图像格式。

5）PNG 格式

PNG 格式的文件可以用于网络的图像，可以保存多达 24 位（1 670 万色）的真彩色图像，并且还支持透明背景和消除锯齿边缘的功能，在软件与软件之间的交互使用中，这项功能非常实用。PNG 格式的文件还可以在不失真的情况下对图像压缩保存。

6）GIF 格式

GIF 格式图像用 256 色（8 位）存储单个位图图像数据或多个位图图像的数据。GIF 格式的图像支持透明度、压缩、交错和多图像图片（常见的 GIF 动画）。GIF 格式是由 CompuServe 提供的一种图像格式，在网络传输时速度快。它还可以使用 LZW 压缩的方式将文件进行压缩，从而减小文件占用的空间，因此也是一种经过压缩的格式，色彩的还原相对较差。这种文件格式可以支持位图、灰度和索引颜色的颜色模式。

### 4. 常用的色彩模式

1）RGB 模式

RGB 模式是 Photoshop 中一直以来最常用的一种颜色显示模式。不管是扫描的图像，还是直接在计算机上绘制的图像，几乎都是以 RGB 的模式存储的。R、G、B 分别是红、绿、蓝英文单词的首字母，是通过红色、绿色、蓝色三种颜色的明度、纯度、色相等的变化，以及相互叠加而得到的极其丰富的颜色的显示方式。RGB 中每一种颜色有 256 种变化，而三种颜色混合起来就可以生成 1 670 万种颜色。这几乎包括了人类视力所能感知的所有颜色，是目前运用最广的颜色显示方式之一。

2）CMYK 模式

CMYK 模式是一种印刷的颜色模式。它由分色印刷的四种颜色（青色、品红色、黄色和黑色）组成，在本质上与 RGB 模式没什么区别。RGB 模式是一种发光的色彩模式，我们在黑暗的空间内仍然可以看见屏幕上的内容；而 CMYK 是一种依靠反射光线的色彩模式，阳光或灯光照射到印刷品上，再反射到我们的眼中，这样我们才能看见印刷品的具体内容。比如期刊、报纸、宣传画等都是印刷出来的，那么在设计制图的时候就应该选用 CMYK 色彩模式。CMYK 色彩模式的色域比 RGB 色彩模式的色域小，所以打印得到的作品的颜色比显示器中看见的作品的颜色要灰暗些。

3）灰度模式

灰度模式在图像中使用不同的灰度级，在 8 位图像中，最多可以使用 256 级灰度来表现图像的色彩，这样可以使图像的过渡更平滑细腻，图像的黑、白、灰层次也比较好。灰度图像的每个像素有 0（黑色）至 255（白色）的亮度值。灰度值可以用黑色油墨覆盖的百分比来表示（0% 等于白色，100% 等于黑色）。

4）位图模式

位图模式使用两种颜色值（黑色或白色）之一表示图像中的像素，所以用这种色彩模式构成的图像也称为黑白图像。由于位图模式只用黑白色来表示图像的内容，所以在将图像原有的色彩模式转换为位图模式时就会丢失大量图像细节。因此，Photoshop 提供了几种算法来模拟图像中丢失的一些细节。

5）LAB 模式

LAB 模式解决了由于不同的显示器和打印设备所造成的颜色显示的差异，也就是这种颜色显示模式不依赖于设备的色彩显示功能。LAB 模式是由一个亮度的分量 L 及两个颜色的分量 A 和 B 来表示颜色的。LAB 模式所包含的颜色范围是最广的，它能够包含所有的 RGB 和 CMYK 模式中的颜色。要将 LAB 图像用其他彩色 PostScript 设备打印，应首先将其转换为 CMYK 模式。LAB 颜色是 Photoshop 在不同颜色模式之间转换时使用的中间颜色模式。

6）索引颜色模式

索引颜色模式是网络上和图片动画中常用的图像色彩模式，当彩色图像转换为索引颜色的图像后，它包含近256种颜色。索引颜色的图像有一个颜色表。假设原图像中颜色不能完全用256种色来表现，那么 Photoshop 软件就会自动从可使用的颜色中选出最相近的颜色来模拟图像原有颜色，这样可以减小图像文件的大小。在这种模式下只能进行有限的编辑，若要进一步进行编辑，应将其临时转换为 RGB 模式。

## 1.3 Photoshop CS5 软件界面介绍 THREE

Photoshop 软件界面主要由标题栏、菜单栏、属性栏、工具箱、控制面板、状态栏等组成。

### 1. 标题栏

标题栏位于界面最顶端，显示的是软件名称、功能选项等信息，如图1.1所示。

图 1.1

### 2. 菜单栏

菜单栏位于标题栏下方。Photoshop 对菜单命令进行分类，当需要执行命令的时候，可以在不同的菜单中选择需要的命令，如图1.2所示。

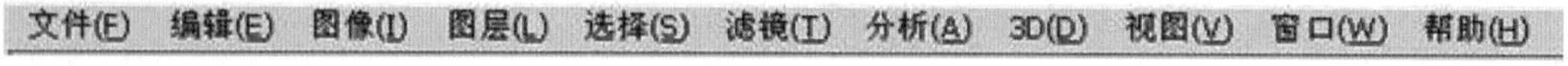

文件(F) 编辑(E) 图像(I) 图层(L) 选择(S) 滤镜(T) 分析(A) 3D(D) 视图(V) 窗口(W) 帮助(H)

图 1.2

### 3. 工具箱

工具箱位于界面的左侧。工具箱工具种类丰富、功能强大，并对功能类似的工具进行了一定的分类，如图1.3所示。

### 4. 属性栏

属性栏位于菜单栏下方。不同的工具有不同的属性及可供调整参数项目。当选择不同的工具的时候，它会随着工具的改变而相应出现该工具的可调整项目，如图1.4所示。

图 1.4

### 5. 控制面板

控制面板可以完成各种图像处理操作和工具参数的设置，Photoshop CS5 中提供了多个控制面板。其中包括：导航器、信息、颜色、色板、图层、通道、路径、历史记录、动作、工具预设、样式、字符等面板。

1）"导航器"面板

该面板用来显示缩略图像，可以按比例缩放显示的图像，并且可以迅速移动图像的显示内容。可以通过左右移动下方的滑块迅速缩小或放大图像，如图1.5所示。值得注意的是，在这种方式下的放大和缩小只是改变图片的浏览模式，并不是改变图像的大小尺寸。图1.5所示"导航器"面板中矩形框中的内容是工作区中显示的图像内容。

图 1.3

2) "信息"面板

该面板用于显示图像的颜色信息、鼠标当前位置的坐标值，以及图像文件的文档信息等。当在图像中选择图像或者移动图像时，会显示出所选范围的数据参数。通过图1.6，可以看出目前鼠标指针所在图像的位置的 RGB、CMYK 的数值和 X、Y 轴的坐标，还有文件的大小。

图 1.5

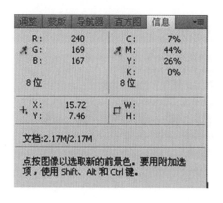

图 1.6

3) "色板"面板

该面板的功能类似于水粉绘画中的颜料盒。色板可存储用户经常使用的颜色或颜色库。用户可以在色板中添加或删除颜色，或者为不同的项目显示不同的颜色库。使用方法是：看准自己需要的颜色，将鼠标指针放到该颜色上单击即可选中，如图1.7所示。还可通过单击"创建前景色的新色板"和"删除色板"按钮来添加和删除色板。

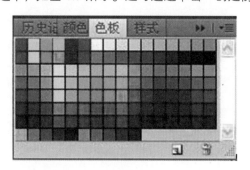

图 1.7

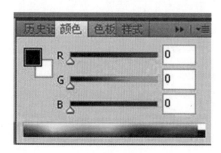

图 1.8

4) "颜色"面板

该面板的主要的功能是选取颜色。如图1.8所示，可以通过调整面板中 R、G、B 的数值来选取需要的颜色；也可以在 R、G、B 三个文本框中直接输入色彩的数值来设置颜色，或者分别拖动 R、G、B 后的色相轴上的三角滑块选取颜色。

还可以通过在 R、G、B 三个选择框中直接输入色彩的数值来选择颜色，如图1.9所示，将 R 的数值设为255，得到一个纯正的红色；也可以将鼠标指针移到面板下部的颜色选择条上，单击，选择颜色，如图1.10所示。

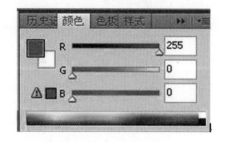

图 1.9

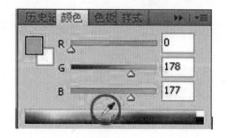

图 1.10

5）"样式"面板

该面板中保存了许多样式，如图 1.11 所示，用户可以随意给图形加一个图层样式。在"样式"面板中可以创建自定义样式并将其存储为预设，也可以通过"样式"面板使用此预设或移去它们。可以单击右下角的"清除样式"、"创建新样式"、"删除样式"按钮进行操作。单击"样式"面板右上角的  按钮，可以对该面板进行其他功能的设置。

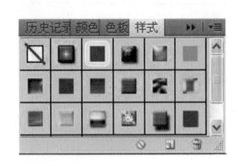

图 1.11

图 1.12

6）"历史记录"面板

该面板用来恢复图像到上一步或上几步的操作。可以使用"历史记录"面板在当前工作期间任意选择所创建图像过程中的任一步骤。在返回步骤中，系统默认设置只能返回 20 步。当每次对图像进行应用更改时，新操作步骤都会添加到该面板中，如图 1.12 所示。

单击面板中记录的某个选项，就可以返回到某一个最近状态（注意：文件关闭后，历史记录将不被保存。小技巧：按快捷键 Ctrl+Z 可返回到上一步，在按 Ctrl+Alt 键的同时，再按 Z 键，可以逐步返回，按 Z 键的次数决定后退的步数，可一直往上返回等），如图 1.13 所示。

历史记录面板的右下角有三个按钮（见图 1.13），其功能特点分别如下。

（1）"从当前状态创建新文档"按钮：单击该按钮，则在当前的状态下自动新建一个文件副本。

（2）"创建新快照"按钮：单击该按钮，在当前的状态下创建一个文件临时副本。

（3）"删除当前状态"按钮：删除当前文件的状态记录。

单击"历史记录"面板右上角的  按钮，可以对面板进行其他功能的设置。

图 1.13

图 1.14

7）"图层"面板

"图层"面板如图 1.14 所示，面板中显示了图像的所有图层、图层组。可以单击"图层"面板中图层条左侧的"指示图层可见性"按钮（当图层可见时该按钮上有眼睛图形），显示和隐藏图层，单击"图层"面板下部的按钮，可以创建新图层及创建图层组或创建调整图层。

Photoshop 中的图层就好比是一张张透明的玻璃纸，在每张纸上绘制了一部分图形，通过多个图层叠加组合，从上向下整体来看就是一件完整的作品。同时如果要修改作品的某部分，只需要选中该部分所在的图层，然后在该图层上进行修改即可，不会影响其他的图层。图层的组合如图 1.15 所示。

图 1.15

如图 1.16 所示，"图层"面板中，在"图层的混合模式"下拉列表中可以选择图层之间的相互混合的方式，以产生不同的显示效果。通过设置"不透明度"值可以调整设定当前图层的不透明度，100%表示不透明，0%表示全透明。通过单击"锁定"后的按钮可以对图层进行全部或部分锁定、全部或部分解锁操作。通过设置"填充"值可以设置图层内部的填充不透明度。通过单击图层前面的"指示图层可见性"按钮可以显示或隐藏该图层。

当选定一个图层的时候，在图层面板中该图层会以蓝色突出显示。图层面板下方的按钮从左到右分别是："链接图层"、"添加图层样式"、"添加图层蒙版"、"创建新的填充或调整图层"、"创建新组"、"创建新图层"、"删除图层"。

"链接图层"按钮 ⊖ ：可以将两个或两个以上的图层链接在一起。操作方法是：按 Shift 键连续选择需要链接的图层，或按 Ctrl 键间断选择所需要链接的图层，最后单击该按钮即可，如图 1.17 所示。解开链接的操作与链接的操作相反。

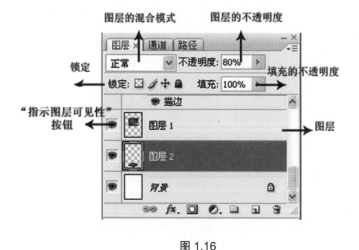

图 1.16　　　　　　　　　　　　　　　　　　图 1.17

"添加图层样式"按钮 *fx.* ：创建图层样式时，单击该按钮，调出图层样式面板，为该图层有选择性地设置多个图层样式参数，并可以预览图层样式运用后的效果。清除图层样式时，可以在"图层"面板中"效果"下面的图层样式上右击，选择"清除图层样式"命令；或者双击"效果"，在打开的"图层样式"对话框中取消图层样式设置，如图 1.18 所示。

"添加图层蒙版"按钮 ⬜：如图 1.19 所示，单击此按钮可以给图层添加图层蒙版，在蒙版区域，可以对蒙版进行画笔描绘和渐变填充等方面的操作。图层蒙版创建修改完成后，可以运用、删除、停用该蒙版。

图 1.18

图 1.19

"创建新的填充或调整图层"按钮 ⬤：该按钮可以为当前选定的图层创建新的调整图层，具体有创建新的填充方式的调整图层，或是其他方式的调整图层，如图 1.20 所示。

"创建新组"按钮 ⬜：单击该按钮可以创建新的图层组。通过创建图层组，可以将相同类别的图层放置在同一个图层组中，这样可以更好地管理图层。

"创建新图层"按钮 ⬜：单击该按钮可以创建新的图层（不同的物体最好放置在不同的图层中，这样做可以方便编辑）。

"删除图层"按钮 🗑：单击该按钮可以删除选定的图层；或者将选定的图层拖动到该按钮上，然后释放鼠标左键，也可以删除选定的图层。

单击"图层"面板右上角的 ▾☰ 按钮，可以对"图层"面板进行其他功能的设置。

图 1.20

图 1.21

8）"动作"面板

该面板用来录制一连串的编辑操作，以实现操作自动化，其功能类似摄像机，将操作过程记录下来，并可以在以后需要使用时播放，运用先前录制好的命令步骤绘制图像。使用"动作"面板可以记录、播放摄像记录步骤，同时可以删除某些操作过程，进行选择性的播放记录。一般使用一些默认的操作记录进行播放，如图 1.21 所示。

在"动作"面板中单击动作组左侧黑色三角形，可展开或折叠组，单击选择需要的动作组，即可将其调入"动作"面板中，然后单击该组中任意一个动作，计算机会自动运行动作命令。

如图 1.21 所示，"动作"面板下方从左到右的按钮及其功能分别如下。

"停止播放 / 记录"按钮：停止播放或记录动作。

"开始记录"按钮：开始记录动作，也就是开始记录操作的过程。记录时该按钮为红色显示。

"播放选定的动作"按钮：播放选中的动作，自动运行命令。

"创建新组"按钮：创建一个新的动作组（动作组中可包含多个动作）。

"创建新动作"按钮：创建一个新的动作，记录下操作的过程。

"删除"按钮：删除选择的动作或动作组。

单击"动作"面板右上角的 ▼≣ 按钮，可以对"动作"面板进行其他功能的设置。

9）"通道"面板

通道可以用来记录图像的色彩信息和保存选区，还可以结合滤镜命令在通道中制作特技效果，然后将其转换成选区进行编辑。对于 RGB、CMYK 和 LAB 图像，"通道"面板的上面先列出的是复合通道，下面是单色通道，通道内容的缩览图显示在通道名称的左侧，如图 1.22 所示。

当图像的色彩模式是 RGB 时，在通道面板中选择 RGB 通道，图像的显示没有变化；当选择红、绿、蓝中任何单一的通道时，图像中显示的是该通道的效果，如图 1.23 所示。

图 1.22

图 1.23

"通道"面板下方从左到右的按钮及其功能分别如下。

"将通道作为选区载入"按钮：单击此按钮，可以将通道中的物体转换成选区，同时可以看到图像上建立的虚线的选区。

"将选区存储为通道"按钮：单击此按钮，可以将已建立的选区存储在通道中，方便后期使用。

"创建新通道"按钮：单击此按钮，可以新建通道，然后在新通道中进行编辑。

"删除当前通道"按钮：单击此按钮，可以删除当前选择的通道。

单击"通道"面板右上角的 [■] 按钮，可以对其进行其他功能的设置。

10)"路径"面板

该面板是用来建立矢量式的图像路径，将现有的路径进行保存。它列出了每条存储的路径、当前工作路径和当前矢量蒙版的名称和缩览图像。当使用路径工具（如钢笔工具）时，在路径面板中就会记录下绘制的路径，如图 1.24 所示。

"路径"面板下方从左到右的按钮及其功能分别如下。

"用前景色填充路径"按钮：使用目前选用的前景颜色来填充当前选择的路径。

"用画笔描边路径"按钮：使用当前选择的画笔笔刷沿着当前路径进行描边处理。

"将路径作为选区载入"按钮：可以将当前选择的路径转换为选区。

"从选区生成工作路径"按钮：可以将选区转换为路径。

"创建新路径"按钮：可以创建新的路径层。

"删除当前路径"按钮：可以删除当前选择的"路径"。

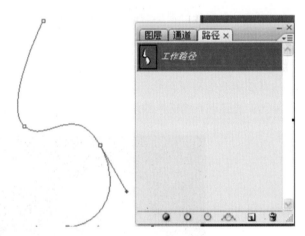

图 1.24

单击"路径"面板右上角的 [■] 按钮，可以对"路径"面板进行其他功能的设置。

### 6. 工作区域

工作区域是显示图像和编辑图像的区域。当在软件中打开一个文件或新建文件时，图像的绘图工作区域就会出现。

### 7. 状态栏

状态栏位于软件操作界面窗口底部，提供当前操作的一些信息。

## 1.4 Photoshop CS5 的基本操作 　　　　　FOUR

### 1. 新建文件

Photoshop CS5 提供了两种新建文件的方法。一种是执行菜单栏中的"文件"→"新建"命令，另一种是按 Ctrl+N 快捷键。在弹出的"新建"对话框中可以根据设计的实际情况对预设、宽度、高度、分辨率等项进行设置。

### 2. 打开文件

在 Photoshop CS5 中打开文件，通过执行菜单栏中"文件"→"打开"命令，或按 Ctrl+O 快捷键，便弹出

"打开"对话框。在此对话框中可以自行选择所要打开的文件（注：在打开文件时，可以单击选择一个文件，或者按住 Ctrl 键选择多个不连续文件，或者按住 Shift 键选择多个连续的文件）。

### 3. 存储文件

通过执行菜单栏中的"文件"→"存储"命令，或按 Ctrl+S 快捷键实现文件存储。

### 4. 另存文件

另存文件是 Photoshop CS5 提供的保存编辑过的图片的方式之一，即在不改变源文件数据的情况下，把已编辑过的图片保存到计算机中。通过执行菜单栏中的"文件"→"存储为"命令，或按 Ctrl+Shift+S 快捷键实现文件另存，可以根据需求将已编辑过的图片保存为不同的文件格式。

### 5. 文件大小的调整

使用"图像大小"命令可以调整图像文件的像素大小、打印尺寸和分辨率。图像的像素大小会影响图像文件的大小、图像的质量及其打印或印刷特性。像素越大，文件占用空间也就越大，图像的效果和质量也就越好，图像的分辨率若低于 300 dpi 则不能用于印刷，只能用于打印。文件大小的调整步骤如下。

步骤 01 打开随书光盘中的文件"第 1 章 / 文件大小的调整"，执行菜单栏中的"图像"→"图像大小"命令，弹出"图像大小"对话框，如图 1.25 所示。

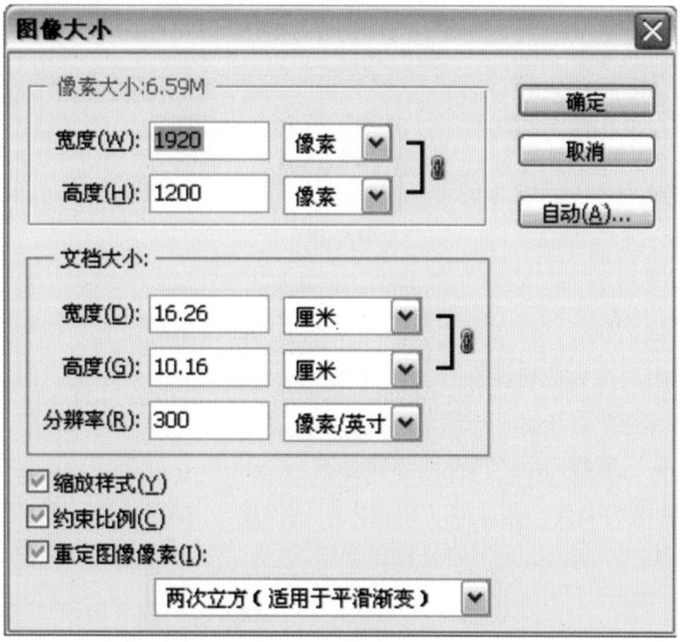

图 1.25

"图像大小"对话框中各项说明如下。

"像素大小"栏：显示图像的像素大小信息，在"宽度"和"高度"文本框内重新输入数值，可更改像素的大小。单击文本框后的下拉按钮可以将默认的度量单位"像素"更改为"百分比"。修改像素大小后，图像的新文件大小会显示在"像素大小"后，先前的大小用括号注明。

"文档大小"栏：用来设置图像的宽度、高度及分辨率，在像素变小时，图像的质量不会受影响；但像素增大时，图像的质量会下降。若不勾选"重定图像像素"选项，修改图像的宽度或高度，图像的像素大小不会变化。即增大图像的宽度和高度时将自动减小分辨率，而减小宽度和高度时，分辨率会增大。

"缩放样式"选项：在保持"约束比例"的状态下，若图像包含应用了图层样式的图层，则选择此项后，可在调整图像的大小的同时，自动缩放图层样式的效果。

"约束比例"选项：选择此项，在修改图像的宽度或高度时会保持图像的比例尺寸，画面不会变形。

"重定图像像素"选项：如果选择此选项，在修改图像的宽度或高度时，Photoshop 将使用此选项内设定的插值方法增加或减少像素。

"自动"按钮：单击此按钮可打开"自动分辨率"对话框，在其中输入挂网的线数，Photoshop 可根据输出设备的网点频率来确定合适的图像分辨率。

步骤 02 在"图像大小"对话框中进行如图 1.26 所示的设置，单击"确定"按钮。

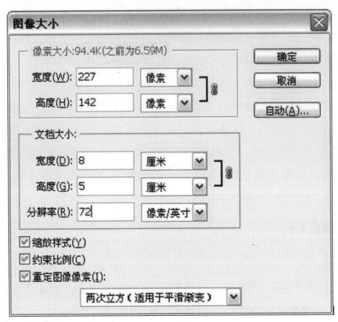

图 1.26

### 6. 画布大小的调整

画布是图像的可编辑区域，执行"画布大小"命令可以扩大或减小图像的画布大小。扩大画布可以在当前的图像周围添加新的空间。减小画布会裁剪掉部分当前图像，若当前的图像处在透明的背景上，则添加的画布也是透明的。若当前的图像处在有色的背景上，或者是"图层"面板中锁定的"背景层"上，则添加的画布会以工具箱中的背景色作为填充色填充。画布大小的调整的步骤如下。

步骤 01 打开随书光盘中的文件"第 1 章 / 文件大小的调整"，如图 1.27（a）所示，执行菜单栏中的"图像"→"画布大小"命令，弹出"画布大小"对话框，如图 1.27（b）所示。

（a）　　　　　　　　　　　　　　　　　　　　（b）

图 1.27

步骤02 在"画布大小"对话框中"新建大小"栏的"宽度"和"高度"文本框中输入新的画布尺寸,如图 1.28 所示。如果勾选"相对"选项,则"宽度"和"高度"文本框中的数值不再代表整个文档的大小,而代表实际增大或者减小的区域。输入正数可增大画布,输入负数可减小画布。

图 1.28

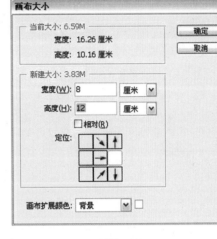

图 1.29

步骤03 单击"定位"选项内的方格,可指示当前图像在新画布中的位置,方格上的箭头均可单击,单击后会显示新画布扩展的方向,如图 1.29 所示。可在"画布扩展颜色"下拉列表中选择一种画布颜色,如图 1.30 所示;也可单击"画布扩展颜色"下拉列表右侧的方块,调出"拾色器"面板,选择颜色。

步骤04 单击"确定"按钮,完成修改,如图 1.31 所示。

图 1.30

图 1.31

# 第 2 章
# Photoshop CS5 的工具命令 ……

P hotoshop
CS
Y ishu Sheji
J iaocheng

◄ ◄ ◄ ◄

◄ ◄ ◄ ◄

## 2.1 软件的工具概述 **ONE**

Photoshop CS5 工具箱提供了几乎所有能够辅助我们对图片编辑操作的工具。工具箱中大致包括：选区类工具、绘图填充类工具、路径类工具、文字类工具、辅助类工具及其他类工具，此外还有一些提供独立控制功能的按钮和选项。

单击工具箱顶部的双箭头 ▶▶，可以将工具切换为单排(或双排)显示，单击工具图标右下角的黑色三角形，可以出现级联的图标。

## 2.2 选区类工具介绍与应用 **TWO**

选区指选择区域，选区类工具主要包括选框工具、套索工具、魔棒工具、裁切工具和移动工具。在 Photoshop 中，很多编辑操作都是区域性的。在选区存在的状态下，利用选区类工具对其进行操作时，只会影响选区内的图像。选区必须是一个封闭完整区域，如图 2.1 所示，虚线框选荷花的区域，就是选区。

图 2.1

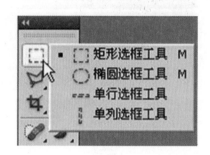

图 2.2

**1. 选框工具**

选框工具是最基本的选区类工具，可以用来在图片中建立最基本的方形、圆形、竖线和横线的选区。工具图标右下角带有三角形，表示该工具是一个工具组。在这样的工具上右击或按住鼠标左键不放，就可以显示出工具组中所有的工具，如图 2.2 所示。

1）操作模式

无论使用哪个工具来建立选区，其选项栏上都会显示操作模式按钮 [□]▾ [□□□□]。下面详细介绍每种模式按钮的作用。

"新选区" 按钮 □：单击此按钮，将在画面中创建一个新的选区，之后创建的选区会替代之前的选区。

"添加到选区" 按钮 □：单击此按钮，可在已创建好的选区的基础上添加新的选区，如图 2.3 所示。

"从选区减去" 按钮 □：单击此按钮，将从已经创建的选区中减去当前创建的选区部分，如图 2.4 所示。

"与选区交叉" 按钮 □：单击此按钮，将得到已经创建的选区与当前绘制的选区相重合的部分，如图 2.5 所示。

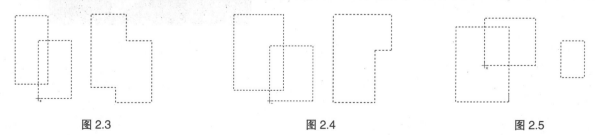

图 2.3           图 2.4           图 2.5

2）羽化

羽化是针对选择区域的参数设定，当羽化值设置为 0 px 以上时，选区的边缘处将给人以模糊透明的柔和感，羽化值越大，这种柔和的感觉就越强烈。

利用"羽化"命令制作具有柔和边缘的效果，具体步骤如下。

步骤 01　打开随书光盘中的文件"第 2 章 / 羽化素材"。

步骤 02　在其选项栏的"羽化"文本框中输入数值 80。

步骤 03　选中椭圆选框工具，按住 Shift 键，在蝴蝶图像上框选出一个圆形的选区，将这个圆形的选区移动至蝴蝶的中心，如图 2.6 所示。

步骤 04　按住 Shift+Ctrl+I 组合键执行"反选"操作，选择的范围会反选为蝴蝶中心部位以外的部分。

步骤 05　按 Delete 键，删除蝴蝶中心以外的选择部分，再按住 Ctrl+D 组合键取消选区，即得到蝴蝶渐隐的效果，如图 2.7 所示。

图 2.6

图 2.7

**2．套索工具**

选框工具只能创建最基本的规则形选区，而套索工具是用来创建不规则形的选区的，套索工具包含了套索工具、多边形套索工具、磁性套索工具，如图 2.8 所示。

套索工具：选择此工具后，按住鼠标左键并拖动来创建不太精细的选区，如图 2.9 所示。

图 2.8

图 2.9

多边形套索工具：选择此工具后，在对象的转折处单击，最后回到起点处单击得到不规则闭合的比较精确的选区，如图 2.10 所示。

磁性套索工具：利用图像与背景的对比，运用捕捉式创建选区。将鼠标指针放置在对象轮廓边缘单击后拖动，在轮廓处会自动创建结点，如图 2.10 所示；沿轮廓拖动一周回到起点单击鼠标左键即完成选区创建，如图 2.11 所示。

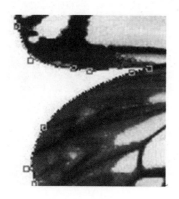

图 2.10

图 2.11

当鼠标指针位置与第一个单击点重合时，鼠标指针右下角会出现一个小圆标记，此时单击鼠标左键即可得到封闭的选区。

选择磁性套索工具后，其选项栏如图 2.12 所示，在创建选区时，要根据实际情况对一些参数进行设置。

图 2.12

宽度：控制磁性套索工具选择的图像边缘的宽度。

对比度：设置磁性套索工具对颜色反差的敏感程度。对比度数值越高，磁性套索工具越不容易捕捉到精准的边界。

频率：设置磁性套索工具在选择边界线时插入的结点数量，频率数值越高，插入的定位结点越多，选择范围也越精准。

小技巧：在用磁性套索工具创建选区的过程中，结点是根据颜色的差别自动添加的，如果觉得已创建的结点位置不准确，可以按 Delete 键将其删除，每按一次 Delete 键就可以向前删除一个结点。

**3. 魔棒工具**

魔棒工具依据颜色的信息创建选区。利用它可以一次性选择整幅图像中颜色相同的区域。它包括魔棒工具和快速选择工具，如图 2.13 所示。

图 2.13

魔棒工具的操作非常简单，只需用魔棒工具在要选择的图像区域内单击鼠标左键即可。魔棒选项栏如图 2.14 所示。

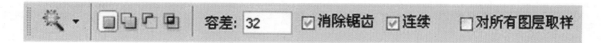

图 2.14

容差：用于控制魔棒工具的选择范围，容差值越大，选择的颜色范围越广；容差值越小，选择的颜色范围越小。若想精准地选择一种颜色信息，容差值就应设置得越小。图 2.15 是容差值设置为 32 时所创建的选区，图

2.16 是容差值设置为 8 时所创建的选区。

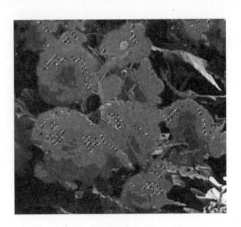

图 2.15

图 2.16

消除锯齿：勾选此复选框，可以消除选区外形上粗糙的锯齿，令选区边缘更为柔滑。

连续：勾选此复选框，用魔棒工具只能选择颜色相连接的区域。

对所有图层取样：勾选此复选框，使用魔棒工具可以选择所有可见图层的相同颜色。若不勾选此复选框，只能选择当前图层中的相同颜色。

快速选择工具 ▨ 可以像使用画笔工具 ✐ 一样，非常灵活地画出需要创建的选区。

### 4. 快速蒙版

快速蒙版 ▣ 是 Photoshop 中用于创建和编辑选区最灵活的功能之一，在快速蒙版模式状态下，可以通过利用各种工具修改蒙版得到各种生动自然的选区。下面以实例介绍此功能。

1）快速蒙版创建选区

步骤 01　打开随书光盘中的文件"第 2 章 / 快速蒙版抠图"，如图 2.17 所示。

步骤 02　执行"选择"→"在快速蒙版模式下编辑"命令，或选择工具箱底部的"以快速蒙版模式编辑"按钮 ▣，进入快速蒙版模式。

步骤 03　设置工具箱中的前景色为黑色，选择画笔工具，涂抹如图 2.18 所示的红色天空区域。

步骤 04　选择工具箱底部的"以快速蒙版模式编辑"按钮 ▣，退出快速蒙版模式，回到正常模式，即创建出了所需要的选区，如图 2.19 所示。

图 2.17

图 2.18

图 2.19

2）设置快速蒙版选项

打开随书光盘中的文件"第 2 章 / 风景"，用多边形套索工具创建选区，如图 2.20 所示。

双击工具箱底部的"以快速蒙版模式编辑"按钮 ▣，打开"快速蒙版选项"对话框，如图 2.21 所示设置参数，图片效果如图 2.22 所示。

图 2.20                                     图 2.21                                     图 2.22

在"色彩指示"栏选择"被蒙版区域"项，选中的区域显示为原图像的颜色，未选择的区域会被覆盖蒙版的半透明颜色。

在"颜色"栏单击颜色块，可在打开的"选择快速蒙版颜色"对话框中重新设置蒙版的颜色。"不透明度"用来设置蒙版颜色的不透明度。"颜色"和"不透明度"的设置都只是针对蒙版的显示模式的，并不会对快速蒙版创建的选区产生影响。

**5. 裁切工具**

裁切工具包括裁剪工具、切片工具和切片选择工具，如图 2.23 所示。

裁切工具可裁切掉图像中不需要的部分，也可以裁切指定的区域。可随意调整裁剪的范围和旋转图像，从而控制图像的效果，具体操作步骤如下。

步骤 01   打开随书光盘中的文件"第 2 章 / 裁剪"。选择裁切工具，在图像上拖动，确定裁切区域，如图 2.24 所示。

步骤 02   在裁切选框内部双击，区域外的灰色部分被裁切掉，如图 2.25 所示。

图 2.23

图 2.24                                                       图 2.25

**6. 切片工具**

切片工具可将一张完整的图片切割成几部分，这些被切割的区域可用来在网页中创建链接和动画，切片后的图像更便于在网页中进行操作和查看。具体操作步骤如下。

步骤 01   打开随书光盘中的文件"第 2 章 / 裁剪"。选择切片工具，在图像窗口中拖拽，如图 2.26 所示。

步骤 02　用相同的方法，在图像中可反复拖动多次，画面就被切分成多个部分，如图 2.27 所示。

步骤 03　完成分割后，单击鼠标右键，在弹出的快捷菜单中选择"编辑切片选项"命令，在随后弹出的"切片选项"对话框中设置相关参数。调整前参数如图 2.28 所示，调整后参数如图 2.29 所示。

图 2.26

图 2.27

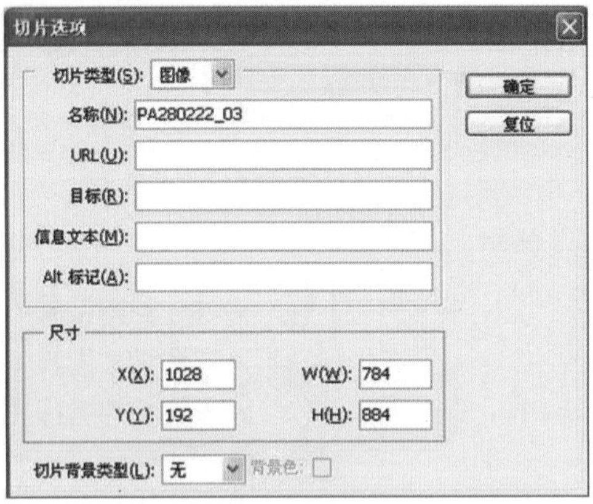

图 2.28

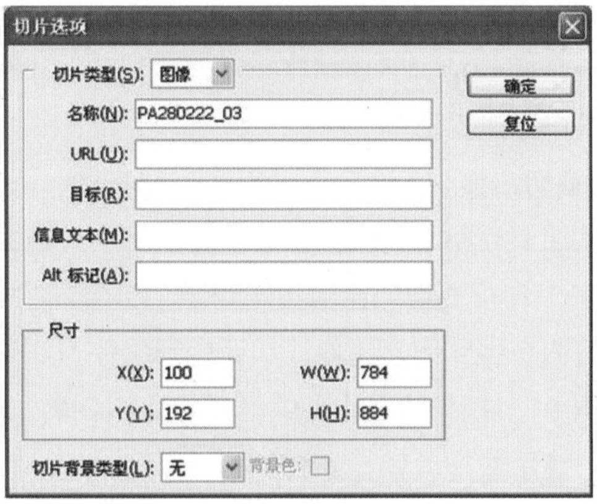

图 2.29

单击"确定"按钮后，调整效果如图 2.30 所示。切片选择工具不能单独使用，是在使用切片工具对画面进行切割的基础上，对所切割的区域进行范围调节的工具。

图 2.30

图 2.31

图 2.32

### 7. 选择工具

选择工具是最基本常用的选择、移动类工具，单击工具箱选中该工具，如图 2.31 所示。用选择工具可以将所创建的选区或整张图片移动到新的文件上，如图 2.32 所示。

## 2.3 绘图填充类工具介绍与应用 THREE

　　绘图填充类工具用于在 Photoshop 中填充颜色及绘制图案，给图像创造出精彩的画面感。其主要包括前景色和背景色的设置工具，以及画笔类工具和填充类工具。

　　画笔类工具包括画笔工具、铅笔工具、颜色替换工具及混合器画笔工具，如图 2.33 所示。

### 1. 前景色和背景色

　　颜色的运用是对图像进行艺术创作的重要环节，Photoshop 中可以通过设置前景色和背景色对图像进行填充、描边或绘画等处理。

　　1）修改前景色和背景色

　　Photoshop 工具箱底部有前景色和背景色设置图标 ，默认的前景色为黑色，背景色为白色。单击前景色或背景色图标，可调出"拾色器"对话框，在其中可选择或设置颜色，如图 2.34 所示。

图 2.33　　　　　　　　　　　　　　　　　图 2.34

　　也可通过"颜色"和"色板"面板设置前景色和背景色，或用吸管工具吸附画面中的颜色作为前景色或背景色。

　　2）切换前景色和背景色

　　单击切换前景色和背景色图标 ，或按下 X 键，可以切换前景色和背景色的颜色，如图 2.35 所示。

　　3）恢复为默认的前景色和背景色

　　修改了前景色和背景色后，想将前景色和背景色恢复为系统默认的颜色，可单击默认前景色和背景色图标 ，或按下 D 键。效果如图 2.36 所示。

　　(a) 切换前　　　　(b) 切换后　　　　　　(a) 恢复前　　　　(b) 恢复后

图 2.35　　　　　　　　　　　　　　　图 2.36

### 2. 画笔工具组

　　1）画笔工具

　　画笔工具 和铅笔工具 的绘图方式都类似于真实的绘画用笔，可以自由绘制线条。可以通过调节画笔的参数，得到不同效果的画笔，也可将图案定义为画笔的形状，达到传统绘画无法比拟的效果。画笔工具选项栏如图 2.37 所示。

图 2.37

"画笔预设"选取器：单击画笔工具选项栏的按钮 ![] 的三角形，可在下拉列表中选择合适的画笔大小，并可调节画笔的硬度。

切换画笔面板：单击按钮 ![]，可调出画笔工具中最强大的"画笔"面板，通过设置此面板内相应的参数，可以获得非常丰富的画笔效果，如图 2.38 所示。单击该面板左侧上方的"画笔预设"按钮，可以选择所需要的画笔形状，并调节画笔的大小。单击"画笔笔尖形状"选项，可以在面板右侧的列表框中改变其参数，调节画笔的笔尖形状。单击该面板左侧的其他选项，都可以在面板右侧的列表框中设置画笔的各类相关参数。单击该面板右上角的扩展按钮 ![]，可弹出扩展菜单。

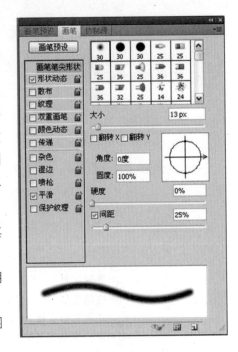

模式：用于设置绘图的前景色与作为画纸的背景之间的混合效果，其效果等同于图层混合模式。

不透明度：用于设置绘画颜色的不透明度，数值越大绘制的效果越明显，颜色的覆盖度越强，反之则会越透明，显示出底图。

流量：设置拖动一次鼠标指针所得到的图像清晰度，数值的大小与图像的清晰度成正比。

启用喷枪模式：单击"启用喷枪模式"按钮 ![]，Photoshop 会根据鼠标的操作确定画笔线条在画面中的填充数量。

图 2.38

2）铅笔工具

铅笔工具 ![] 同样也是使用前景色绘制线条，但线条没有画笔工具绘制的柔和，只能绘制硬线条。图 2.39 为铅笔工具的选项栏，除"自动抹除"选项外，其他选项均和画笔工具完全相同。

图 2.39

3）颜色替换工具

颜色替换工具 ![] 可以用前景色替换图像中的颜色。但此工具不能用于位图、索引或多通道颜色模式的图像。如图 2.40 所示为颜色替换工具的选项栏。

图 2.40

模式：用来设置可以替换的颜色属性，包括"色相"、"饱和度"、"颜色"和"明度"。默认为"颜色"。

取样：用来设置颜色取样的方式。按下"取样：连续"按钮，在拖动鼠标时可连续对颜色进行取样；按下"取样：一次"按钮，只能替换第一次单击的颜色区域中的目标颜色；按下"取样：背景色板"按钮，只替换包含当前背景色的区域。

限制：选择"不连续"可替换出现在鼠标指针下任何位置的样本颜色；选择"连续"只替换与鼠标指针下

的颜色邻近的颜色；选择"查找边缘"可替换包含样本颜色的连接区域，同时保留形状边缘的清晰程度。

容差：设置具体的容差值。颜色替换工具只替换鼠标单击点颜色容差范围内的颜色，所以，该值越大，包含的颜色范围就越广。

消除锯齿：勾选此项，可以令定义的区域内的边缘更加平滑，消除锯齿的粗糙感。

下面以实例介绍此工具的使用。

步骤 01 打开随书光盘中的文件"第 2 章 / 替换颜色"，如图 2.41 所示。

步骤 02 在工具箱中选择颜色替换工具 ，在其工具选项栏中进行如图 2.42 所示的设置。

图 2.41

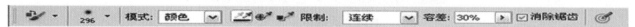

图 2.42

步骤 03 在"图层"面板中选中"图层 0"，如图 2.43 所示，选择工具箱中的吸管工具 ，在画面人物脸部的皮肤部分吸附，工具箱中的前景色即变为人物的皮肤色。

步骤 04 使用颜色替换工具在"图层 0"的人物背景上轻轻涂抹，效果如图 2.44 所示。

图 2.43

图 2.44

4）混合器画笔工具

混合器画笔工具可以混合图像，创建出类似于传统绘画中颜料相混合的效果。

打开随书光盘中的文件"第 2 章 / 混合器画笔素材"，如图 2.45 所示。选择混合器画笔工具，在工具选项栏中设置画笔属性，如图 2.46 所示。在图像中涂抹即可混合颜色，如图 2.47 所示。

图 2.45

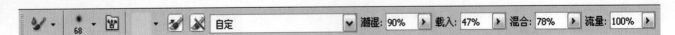

图 2.46

图 2.47

### 3. 历史记录画笔工具组

1）历史记录画笔工具

历史记录画笔工具 ✎ 可以将图像恢复到编辑过程中的某一步骤状态，或者将部分图像恢复为原样，该工具需要和"历史记录"面板一同使用，历史记录画笔工具的选项栏中，"模式"、"不透明度"等项的设置及作用都与画笔工具的相应选项的相同，如图 2.48 所示。

图 2.48

下面介绍用历史记录画笔制作柔美旋转效果图的操作步骤。

**步骤 01** 打开随书光盘中的文件"第 2 章 / 历史记录画笔"，如图 2.49 所示。在"图层"面板中，选中"背景"图层，右击选择"复制图层"命令，或按快捷键 Ctrl+J，得到复制的图层，如图 2.50 所示。

图 2.49

图 2.50

**步骤 02** 执行菜单栏中的"滤镜"→"模糊"→"径向模糊"命令，调出"径向模糊"对话框，设置参数如图 2.51 所示。单击"确定"按钮，图像效果如图 2.52 所示。

**步骤 03** 在工具箱中选中历史记录画笔工具，并在其选项栏中进行如图 2.53 所示的设置。

**步骤 04** 在"历史记录"面板中，单击"通过拷贝的图层"（注意：步骤 01 中如果采用的是在"背景"图层上右击复制图层的方式，则在"历史记录"面板中显示的是"复制图层"）前面的小方框，✎ 图标将显示于此位置，如图 2.54 所示。使用历史记录画笔工具在图像上涂抹，并在"图层"面板中，将混合模式由"正常"切换到"亮光"，如图 2.55 所示，即得到如图 2.56 所示的效果图。

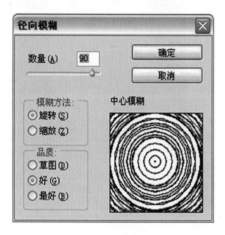

图 2.51

图 2.52

图 2.53

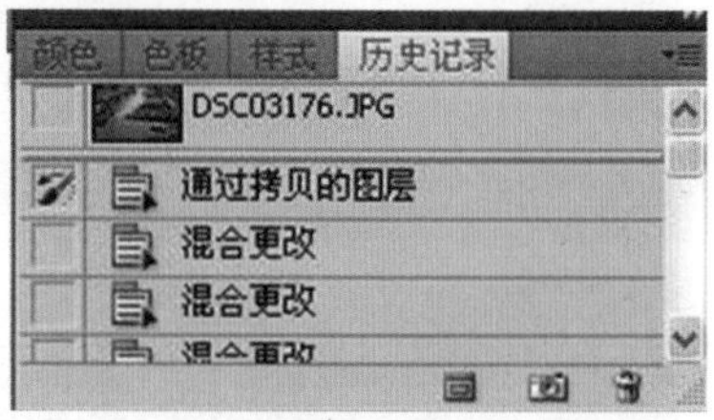

图 2.54

图 2.55

图 2.56

2）历史记录艺术画笔工具

历史记录艺术画笔工具 ![icon] 与历史记录画笔工具的操作方式完全相同，但其在恢复图像的同时会对图像进行艺术化的效果处理。

历史记录艺术画笔工具选项栏如图 2.57 所示。

图 2.57

历史记录艺术画笔工具的选项栏中"模式"、"不透明度"等项的设置及作用都与历史记录画笔工具的相应选项的相同，其他选项如下。

样式：用来控制绘画描边的形状，包括"绷紧短"、"绷紧中"和"绷紧长"等样式。

图 2.58

区域：用来设置绘画描边所覆盖的区域，该值越大覆盖的区域越大，描边的数量也越多。

容差：用于限定可应用于绘画的描边的区域，当容差小时，可在图像中的任何地方描边，当容差大时会将描边限定在与图像源状态或快照中的颜色明显不同的区域。

下面介绍用历史记录艺术画笔制作绘画效果的操作步骤。

步骤 01　打开随书光盘中的文件"第 2 章/历史记录艺术画笔"，如图 2.58 所示。选择历史记录艺术画笔工具，在其选项栏中进行如图 2.59 所示的设置。

| 🎨 ▾ | 🔔 102 ▾ | 🗒 | 模式： | 正常 ▾ | 不透明度：100% ▸ | ✎ | 样式： | 绷紧短 ▾ | 区域：50 px | 容差：0% |

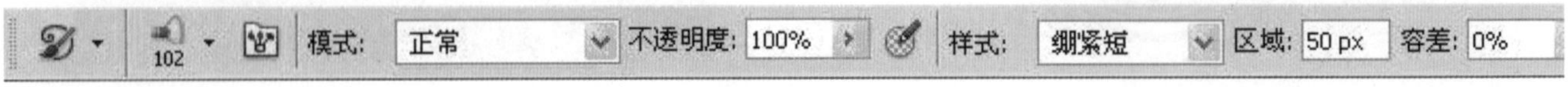

图 2.59

步骤 02　在画面上使用历史记录艺术画笔进行涂抹，得到如图 2.60 所示的效果。

#### 4. 图章工具

图章工具包括仿制图章工具 🔨 和图案图章工具 🔨。仿制图章工具主要用来复制图像，图案图章工具主要用于以图案绘画。

##### 1) 仿制图章工具

仿制图章工具 🔨 可以从图像中复制信息，将其复制到其他区域或者其他图像中。该工具常用于复制图像内容或消除图片中的缺陷。

在仿制图章工具的选项栏中，除"对齐"和"样本"外，其他选项的设置及作用均与画笔工具的相关选项的完全相同，如图 2.61 所示。

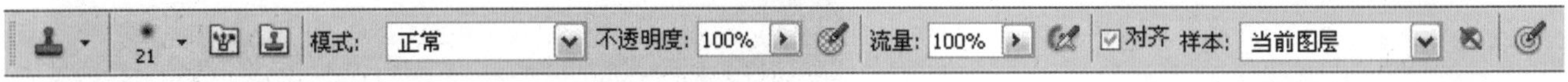

图 2.60

| 🔨 ▾ | 🔵 21 ▾ | 🗒 🔨 | 模式： | 正常 ▾ | 不透明度：100% ▸ | ✎ | 流量：100% ▸ | ✎ | ☑对齐 | 样本：当前图层 ▾ | ⊗ | ✎ |

图 2.61

对齐：勾选该项，可以连续对图像进行取样；若不勾选此项，则每单击一次鼠标，都使用初始取样点中的样本像素，所以每单击一次鼠标，都视为另外一次复制。

样本：用来选择从指定的图层中取样，如果要从当前图层及其下方的可见图层中取样，应选择"当前和下方图层"；如果只从当前图层中取样，可选择"当前图层"；如果要从所有可见图层中取样，可选择"所有图层"；如果要从调整图层以外的所有可见图层中取样，可选择"所有图层"，然后单击选项右侧的"打开以在仿制时忽略调整图层"按钮。

下面介绍用仿制图章工具去痣的操作步骤。

步骤 01　打开随书光盘中的文件"第 2 章/仿制图章"，如图 2.62 所示。选择工具箱中的仿制图章工具，在其选项栏中，进行如图 2.63 所示的设置。

图 2.62

图 2.63

步骤 02　把鼠标指针移动到人物面部痣周围的皮肤区域，按住 Alt 键，鼠标指针变成　　后单击，以吸取样本，如图 2.64 所示。

步骤 03　将鼠标指针移动到痣的部位，单击鼠标，如图 2.65 所示，痣即被所选取的皮肤样本覆盖，效果如图 2.66 所示。

图 2.64

图 2.65

图 2.66

2）图案图章工具

图案图章工具　　与仿制图章工具的区别在于它并不是在图像中取样，而是利用 Photoshop 提供的图案或者自定义的图案绘画，相当于起到了画笔填充的作用。其工具选项栏与仿制图章的完全一致。

步骤 01　打开随书光盘中的文件 "第 2 章 / 图案图章"，如图 2.67 所示。选择图案图章工具　　，在其选项栏上单击 "切换画笔面板" 按钮以打开 "画笔" 面板。在 "画笔" 面板中选择 "25" 号圆点画笔，并进行相关的设置调整，如图 2.68 所示。

图 2.67

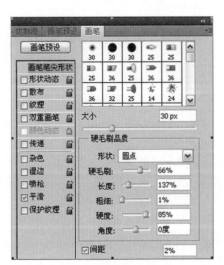

图 2.68

步骤 02　单击 "画笔" 面板右下角的 "创建新画笔" 按钮　　，弹出 "画笔名称" 对话框，将步骤 01 中设置的画笔新建成一个画笔，如图 2.69 所示。

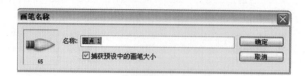

图 2.69

步骤03　单击"确定"按钮，在图案图章工具的选项栏中进行如图 2.70 所示的参数设置。

图 2.70

步骤04　用图案图章工具在画面上绘制出"Z"形，即完成。效果如图 2.71 所示。

图 2.71

**5. 修复工具组**

修复工具组由修补工具、污点修复画笔工具、修复画笔工具、红眼工具组成。

1）修补工具

修补工具 ⬤ 可以用其他区域或图案中的内容来修复选中的区域，并将样本的纹理、光照和阴影与源图像进行匹配。但必须要用选区来定位工具修补的范围。

图 2.72 所示为修补工具的选项栏。

图 2.72

选区创建方式：单击"新选区"按钮 ▣ 可以创建一个新的选区，如果图像中包含选区，则原选区将被新选区替换，按下"添加到选区"按钮 ▣，可以在当前选区的基础上添加新的选区；按下"从选区减去"按钮 ▣，可以在原选区中减去当前绘制的选区；按下"与选区交叉"按钮 ▣，可得到原选区与当前创建的选区相交的部分。

透明：勾选该项后，可以使修补的图像与原图像产生透明的叠加效果。

修补：用来设置修补方式。如果选择"源"选项，当将选区拖至要修补的区域以后，放开鼠标就会用当前选区中的图像修补原来选中的内容，如果选择"目标"选项，则会将选中的图像复制到目标区域。

使用图案：在图案的下拉列表中选择一种图案，单击"使用图案"按钮，可以用选中的图案修补选区内的图像。

下面介绍用修补工具去除不满意的区域的操作步骤。

步骤01　打开随书光盘中的文件 "第 2 章 / 修补工具"，如图 2.73 所示。用修补工具在画面中框选要去除的区域。

步骤 02　将鼠标指针放在如图 2.74 所示的选区内，单击并拖动选区到目标区域，如图 2.75 所示。

步骤 03　释放左键，即可将目标区域内的图像覆盖到先前的选区图像中，若对得到的效果不满意，可以按此方法多次操作，直到得到满意的效果，如图 2.76 所示。

图 2.73

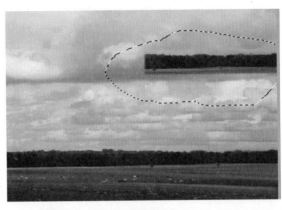

图 2.74

图 2.75

图 2.76

2）修复画笔工具

修复画笔工具 要求指定样本，而污点修复画笔工具可以自动从所编辑的图片周边区域取样。这两种修复画笔工具的使用方法是一样的，所以只要了解其中一种的使用方法，就能明白另一种的使用方法。

修复画笔工具可用于校正瑕疵，使它们消失。与仿制工具一样，使用修复画笔工具要求操作者指定样本点，可以利用图像或图案中的样本像素来绘画，但是修复画笔工具还可将样本像素的纹理、光照、透明度和阴影与所修复的像素进行匹配，从而使修复后的像素不留痕迹地融入图像中。

3）污点修复画笔工具

污点修复画笔工具 可以快速移去照片中的污点和其他不理想部分。污点修复画笔的工作方式与修复画笔类似，它使用图像或图案中的样本像素进行绘画，并将样本像素的纹理、光照、透明度和阴影与所修复的像素相匹配。与修复画笔不同，污点修复画笔不要求操作者指定样本点。污点修复画笔工具将自动从所修饰区域的周围取样。

图 2.77 所示为污点修复画笔工具的选项栏。

图 2.77

模式：用来设置修复图像时使用的混合模式。除"正常"模式外，该工具还包含了"替换"模式。选择替换模式时，可以保留画笔描边的边缘处的杂色、胶片颗粒和纹理。

类型：设置修复方法。选择"近似匹配"选项，利用选区边缘周围的像素来自动取样，对选区内的图像进行修复，如果对该选项的修复效果不满意，可还原修复并尝试"创建纹理"选项。选择"创建纹理"选项可以使用选区中的像素创建一个用于修复该区域的纹理，如果纹理无效，可尝试再次拖过该区域，选择"内容识别"选项，可使用选区周围的画面效果进行修复。

对所有图层取样：如果当前文档中包含多个图层，勾选该项后，可以从所有可见图层中进行数据取样；当不勾选该项时，则只能从当前的图层中取样。

下面介绍用污点修复画笔工具去除图像的污痕的操作步骤。

步骤 01　打开随书光盘中的文件"第 2 章 / 污点修复画笔素材"，如图 2.78 所示。选择污点修复画笔工具 ，在其选项栏中打开"画笔"选取器，并进行如图 2.79 所示的设置。

图 2.78　　　　　　　　　　　　　　　　　　图 2.79

步骤 02　选择选项栏中的"近似匹配"选项，然后在画面水面上有污痕的位置涂抹，抹过的区域痕迹即与背景相融合，如图 2.80 所示。

步骤 03　反复涂抹，最终画面即可完全被修复，如图 2.81 所示。

图 2.80　　　　　　　　　　　　　　　　　　图 2.81

4）红眼工具

利用红眼工具 可以去除人物照片中的红眼，以及动物照片中的眼睛的过度反光效果。其选项栏如图 2.82 所示。

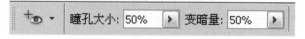

图 2.82

瞳孔大小：用于设置眼睛瞳孔的大小。

变暗量：用来设置瞳孔暗度。

下面介绍利用红眼工具去除红眼的操作步骤。

步骤 01 打开随书光盘中的文件"第 2 章 / 红眼工具"，如图 2.83 所示。选择工具箱中的红眼工具 ，在其选项栏中进行如图 2.84 所示的设置。

步骤 02 在图像中的眼球处单击并拖拽，如图 2.85 所示，眼球上的红色逐渐变浅，反复操作，红眼效果即被消除，如图 2.86 所示。

图 2.83

图 2.84

图 2.85

图 2.86

### 6. 橡皮擦工具组

1）橡皮擦工具

橡皮擦工具 可以擦除图像中不需要的部分，其选项栏如图 2.87 所示。如果擦除的是"背景"图层或锁定了的透明区域，橡皮擦涂抹的区域会显示为工具箱中的背景色。如果处理的是其他图层时，橡皮擦可擦除涂抹的区域的像素。

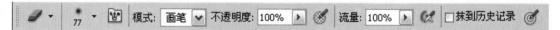

图 2.87

模式：用来选择橡皮擦的种类。选择"画笔"模式时，可创建柔和的擦除效果，如图 2.88 所示。选择"铅笔"模式时，可创建硬边擦除效果，如图 2.89 所示。

图 2.88

图 2.89

不透明度：用来设置橡皮擦的擦除强度，当设置为 100% 的不透明度时橡皮擦可以完全擦除像素，当设置为较低的不透明度时橡皮擦将柔和地擦除部分像素。但将"模式"设置为"块"时，不能使用该选项。

流量：用于控制橡皮擦涂抹的速度。

抹到历史记录：其作用与历史记录画笔工具的作用相同。勾选该选项后，在"历史记录"面板选择一个状态或快照，在擦除图像时，可以将图像恢复为指定的历史记录中的步骤状态。

2）背景橡皮擦工具

背景橡皮擦工具 ❧ 是一种智能橡皮擦，可以自动采集画笔中心的色样，同时删除在画笔内出现的这种颜色，使擦除区域成为透明区域。

背景橡皮擦工具选项栏如图 2.90 所示。

图 2.90

取样：用来设置取样方式。按下"取样：连续"按钮 ✍，在拖动鼠标时可连续对颜色进行取样，只要出现在鼠标指针覆盖范围内的图像都会被擦除；按下"取样：一次"按钮 ✍，只擦除第一次单击点颜色的图像；按下"取样：背景色板"按钮 ✍，只擦除包含背景色的图像。

限制：定义擦除时的限制模式。选择"不连续"模式，可以擦除出现在鼠标指针下任何位置的样本颜色。选择"连续"模式，只擦除包含样本颜色并相连接的区域。选择"查找边缘"模式，可擦除包含样本颜色的连接区域，并可以很好地保留形状边缘。

容差：用来设置颜色的容差范围。当设置的容差值较小时只能擦除与样本颜色非常相似的区域，当设置的容差值较大时则相反。

保护前景色：勾选该项后，可阻止擦除与前景色相匹配的区域。

3）魔术橡皮擦工具

魔术橡皮擦工具 ❧ 可以自动分析图像的边缘。如果在"背景"图层或是锁定了透明区域的图层中使用，被擦除的区域会变为背景色；在其他图层中使用该工具，被擦除的区域会成为透明区域。

魔术橡皮擦工具选项栏如图 2.91 所示。

图 2.91

容差：设置可擦除的颜色范围。当设置的容差值较小时会擦除颜色值范围内与单击的图像非常相似的图像，当设置的容差值较大时可擦除颜色值范围更广的图像。

消除锯齿：勾选此项后可以使擦除的区域边缘变得更平滑。

连续：勾选此项后只能擦除与单击点的图像邻近的图像，不勾选此项时，可擦除图像中所有相似的图像。

对所有图层取样：对所有可见图层中的数据来采集擦除的色样。

不透明度：用来设置擦除的强度。当设置为 100% 的不透明度时将完全擦除图像，当设置为低的不透明度时可柔和地擦除部分图像。

下面介绍用魔术橡皮擦工具抠图和定义前景色的操作步骤。

步骤 01　打开随书光盘中的文件"第 2 章 / 魔术橡皮擦素材"，如图 2.92 所示。在工具箱中选择魔术橡皮擦工具，并在其选项栏中进行相关设置，如图 2.93 所示。

步骤 02　使用魔术橡皮擦工具，在图像背景上持续单击，背景被大面积清空，山脉即能被精准抠选出来，如图 2.94 所示。

步骤 03　按快捷键 Ctrl+Alt+Z 撤销之前的步骤，按住 Alt 键吸取右侧山脉上的蓝灰颜色，吸取的颜色被设置为前景色，如图 2.95 所示。单击鼠标左键，山脉上的蓝灰色即被擦除，如图 2.96 所示。

图 2.92

图 2.93

图 2.94　　　　　　　　　图 2.95　　　　　　　　　图 2.96

## 7. 渐变工具

渐变工具 在 Photoshop 中的应用非常广泛。它不仅可以给图像填充渐变色，还可以用来填充图层蒙版和通道，创造出渐隐透明的效果。此外调整图层和填充图层也可以用到渐变工具。

选择渐变工具，需要先在其选项栏选择一种渐变类型，并设置渐变颜色和渐变的混合模式等选项，然后才能创建渐变，如图 2.97 所示。

图 2.97

渐变颜色条：渐变颜色条中显示了当前的渐变颜色，单击它右侧的下拉按钮 ▼，可以在展开的面板中选择一种既定的渐变颜色，如图 2.98 所示。

如果直接单击渐变颜色条，则会弹出"渐变编辑器"对话框，在"渐变编辑器"对话框中可以编辑需要的渐变颜色或者保存新建立的渐变颜色，如图 2.99 所示。

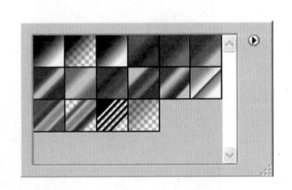

图 2.98

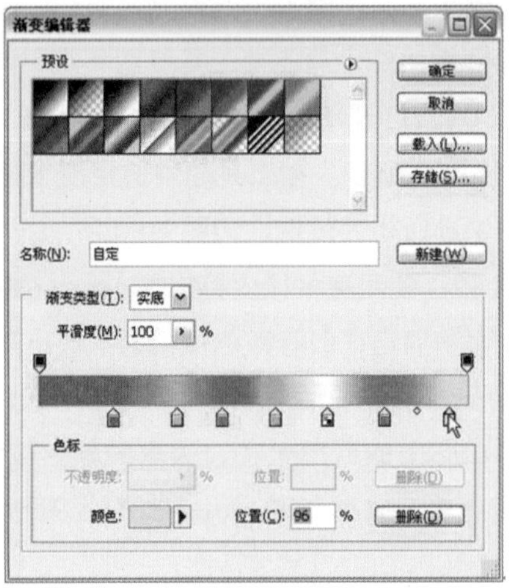

图 2.99

渐变类型包括线性渐变、径向渐变、角度渐变、对称渐变、菱形渐变。

模式：设置应用渐变时的混合模式。

不透明度：用来设置渐变效果的不透明度。

反向：可用于转换渐变中的颜色顺序，得到与默认渐变相反的渐变。

仿色：可以使渐变效果更加平滑，可防止打印时出现渐变条带化的现象，但在计算机屏幕上不能明显地体现出效果。

透明区域：勾选该项，可以创建出带透明像素的渐变；不勾选该项，则创建实色渐变。

下面介绍用渐变工具创建绚烂彩虹的操作步骤。

步骤 01　打开随书光盘中的文件"第 2 章 / 渐变工具"，如图 2.100 所示。

步骤 02　选中工具箱中的魔棒工具 ⚲，并在其选项栏中进行选项设置，如图 2.101 所示。

图 2.100

图 2.101

步骤03 用鼠标在图像天空部分单击，将天空部分都选中，如图 2.102 所示。在"图层"面板右下角单击"创建新图层"按钮 ，在当前背景层的上方新建一个空白的"图层 1"，如图 2.103 所示。

步骤04 在工具箱中选中渐变工具 ，调出"渐变编辑器"对话框，在"预设"栏选择"透明彩虹渐变"，并对色标进行如图 2.104 所示的设置。

步骤05 单击"新建"按钮，将当前设置的渐变颜色保存为一种新的渐变颜色，预览图像会显示在"渐变编辑器"对话框的"预设"栏中，如图 2.105 所示。

图 2.102

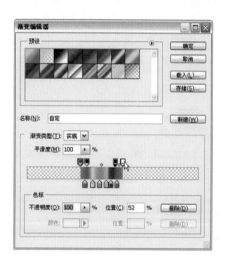

图 2.104

图 2.103

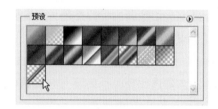

图 2.105

步骤06 选中前面新建的渐变颜色，并在渐变工具选项栏中进行如图 2.106 所示的设置。

图 2.106

步骤07 在图像的选区内拖动鼠标，直到得到自己满意的效果，如图 2.107 所示。

步骤08 按 Ctrl+D 键取消当前选择，并在"图层"面板中进行如图 2.108 所示的设置，图像的效果也随之发生变化，如图 2.109 所示。

图 2.107

图 2.108

步骤 09　执行菜单栏中的"滤镜"→"模糊"→"高斯模糊"命令，在弹出的"高斯模糊"对话框中，进行如图 2.110 所示的设置。单击"确定"按钮，彩虹的效果变得更加自然，如图 2.111 所示。

图 2.109

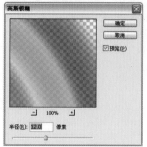
图 2.110

图 2.111

### 8. 油漆桶工具

利用油漆桶工具 ⬩ 可以在图像中填充前景色或图案。如果创建了选区，填充的范围为所选区域；如果没有创建选区，则填充整个图层。油漆桶工具选项栏如图 2.112 所示。

图 2.112

填充内容：单击油漆桶工具右侧的按钮，可在下拉选项中选择填充内容，包括"前景色"和"图案"。

模式：用来设置填充内容的混合模式。

不透明度：用来设置填充内容的不透明度。

容差：确定选定像素的相似点差异。容差以像素为单位，取值范围为 0~255。如果设置的容差值较小，则能选择与单击点像素非常相似的少数几种颜色；如果设置的容差值较大，则能选择范围更广的颜色。

消除锯齿：勾选此项可以使填充选区的边缘更平滑。

连续的：当勾选此项时，只填充与鼠标单击点相邻的图像；当不勾选此项时，可填充图像中的所有相似的图像部分。

### 9. 清晰度调整工具

清晰度调整工具包括模糊工具、锐化工具和涂抹工具，色调调整工具包括减淡工具、加深工具和海绵工具。这两大类工具都是属于对图像进行修饰的工具，可以对图像进行润化，改善图像的细节、色调及色彩的饱和度。

1）模糊工具与锐化工具

利用模糊工具 ⬩ 可以使图像柔和，减少图像细节，如图 2.113 左侧花瓣所示；利用锐化工具 △ 可以增强图像中细节间的对比，提高图像的清晰度，如图 2.113 右侧花瓣所示。选择这两种工具以后，在图像中单击鼠标并进行涂抹即可。

图 2.114 所示为模糊工具的选项栏，锐化工具的选项栏的选项与模糊工具的选项栏的选项相同。

图 2.113

图 2.114

画笔：可以选择操作的画笔的笔尖。模糊或锐化区域的大小取决于画笔的大小。

模式：用来设置工具效果的混合模式。

强度：用来设置工具效果的强度。

对所有图层取样：如果文档中包含多个图层，勾选该选项，表示使用所有可见图层中的数据进行处理；不勾选该选项，则只处理当前图层中的数据。

2）涂抹工具

使用涂抹工具 对图像进行涂抹时，可拾取鼠标指针单击点的颜色，并沿鼠标指针拖动的方向展开所拾取的颜色，模拟出类似于手指涂抹湿油漆形成的效果，如图 2.115 所示。

图 2.115

涂抹工具的选项栏如图 2.116 所示。

图 2.116

除"手指绘画"选项外，其他选项均与模糊工具和锐化工具选项栏的选项相同。

勾选"手指绘画"选项后，可以在涂抹时添加当前工具箱中的前景色，如图 2.115 所示。

3）加深工具与减淡工具

利用加深工具 与减淡工具 ，可以调整图像中特定区域的曝光度，令画面中的某些局部颜色加深或者变浅。图 2.117 右上角花瓣进行了减淡处理；图 2.118 右上角花瓣进行了加深处理。

图 2.117

图 2.118

加深工具和减淡工具的选项栏的选项是完全相同的。图 2.119 所示为加深工具的选项栏。

图 2.119

范围：用于选择要修改的色调的范围。选择"阴影"可处理图像的暗色调部分；选择"中间调"，可处理图像的灰色的中间范围的色调部分；选择"高光"则处理图像的亮色调部分。

曝光度：可以为加深工具或减淡工具指定曝光度的高低，该值越大效果越明显。

喷枪：可以为画笔开启喷枪功能。

保护色调：可以保护图像的色调不受操作的影响。

4）海绵工具

海绵工具  可以改变色彩的饱和度。选择该工具后，在画面单击并进行涂抹即可进行处理。

图 2.120 所示为海绵工具的选项栏，其中画笔和喷枪选项与加深工具和减淡工具的相应选项相同。

图 2.120

模式：若要增加色彩的饱和度，可以选择"饱和"，效果如图 2.121 所示；如果要降低饱和度，则选择"降低饱和度"，效果如图 2.122 所示。

图 2.121

图 2.122

流量：为海绵工具指定流量，该值越大，使用海绵工具产生的效果越明显。

自然饱和度：勾选该项后，当增加饱和度时，可防止颜色过度饱和而产生溢色现象。

## 2.4  文字类工具介绍与应用    FOUR

文字是设计中的重要环节，Photoshop 中的文字是由以矢量方式定义的形状组成的，Photoshop 会保留基于矢量的文字轮廓，所以在任意缩放文字的大小时，文字不会产生锯齿形状。当添加文字时，"图层"面板中会添加一个新的文字图层。创建文字图层后，可以编辑文字并对其应用图层命令。

在对文字图层进行了"栅格化"的更改之后，Photoshop 会将矢量的文字轮廓转换为像素。栅格化文字不再具有矢量轮廓，并且再不能作为文字进行编辑，而是变为了普通的像素图像。

### 1. 文字工具分类及使用

Photoshop 中的文字类工具包括横排文字工具 **T** 、直排文字工具 **IT**、横排文字蒙版工具 和直排文字蒙版工具 。利用文字工具可进行点文字创建、在段落中创建和沿路径的走势创建等操作。

1）横排文字工具和直排文字工具

它们分别用于输入横排和竖排的文字，在使用文字工具输入文字之前，需要在工具的选项栏（见图 2.123）或"字符"面板中设置字符的相关属性。

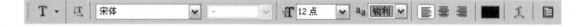

图 2.123

更改文本方向 ⊥：如果当前文字为横排文字，单击该按钮，可将其转换为竖排文字；如果当前文字为竖排文字，则可将其转换为横排文字。

设置字体：在该选项的下拉列表中可以选择各种不同的字体。

设置字体样式：用来为字符设置不同的样式，包括"Regular"（规则的）、"Italic"（斜体的）、"Bold"（粗体）及"Bold Italic"（粗斜体），但该选项只对部分英文字体有效。下拉列表右侧是不同字体的样式的例子（见图2.124），十分形象。

图 2.124　　　　　　　　　　　　　　　　　图 2.125

2）横排文字蒙版工具和直排文字蒙版工具

它们分别用于创建横排和竖排的文字形选区，在画面上单击输入文字后，切换到工具箱中的选框工具，便可将输入的文字转换为文字形的选区，用鼠标拖动选区可调整选区在画面中的位置，如图2.125所示。

确定选区的位置后，可对当前的文字形选区进行描边或填充颜色等操作，如图2.126和图2.127所示。

图 2.126　　　　　　　　　　　　　　　　　图 2.127

### 2．文字工具创建和编辑

1）创建点文字和段落文字

点文字是一个水平或垂直的文本行，用于编辑字数较少的文字。当需要处理文字量较大的文本段落时，就需要用段落文字进行编辑。它具有自动换行、调整文字区域大小等功能。

下面介绍创建及编辑点文字的步骤。

步骤01　打开随书光盘中的文件"第2章/创建点文字素材"，选择横排文字或直排文字工具，在其选项栏中设置字体、大小和颜色，如图2.128所示。

图 2.128

步骤02　在输入文字的位置单击，画面中会出现一个闪烁的"I"形光标，在光标处输入文字，如图2.129所示。同时"图层"面板中会自动出现一个文字图层，如图2.130所示。

步骤03　文字输入完成后单击其他工具或按下回车键结束操作。在画面其他位置单击，可再次创建新的文本，如图 2.131 所示。同时"图层"面板中也会出现新的文字图层，如图 2.132 所示。

步骤 04　在原文本中设置文字插入点，加入文字，在希望选中的文字的前后插入光标并拖动鼠标选择文字，修改所选文字的大小、颜色及字体，如图 2.133 和图 2.134 所示。

图 2.129

图 2.130

图 2.131

图 2.132

图 2.133

图 2.134

下面介绍创建及编辑段落文字的步骤。

步骤 01　打开随书光盘中的文件"第 2 章 / 创建及编辑段落文字素材"，选择横排文字工具，并在其选项栏中设置文字的字体、字号、颜色等属性，如图 2.135 所示。

图 2.135

步骤 02　在画面中单击并向右下角拖出一个定界框，松开鼠标后，定界框内就会出现闪烁的"I"形光标，此时便可输入文字，如图 2.136 所示。文字输入完成后，按下 Ctrl+ 回车键，即可创建一个段落文本，如图 2.137 所示。

步骤 03　在步骤 02 输入的文字间单击以显示定界框。拖动控制点调整定界框的大小，文字会在调整后的定界框内重新排列，如图 2.138 所示。

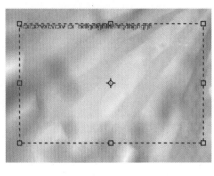
图 2.136

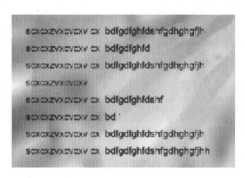
图 2.137

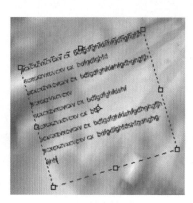
图 2.138

2）创建变形文字

在输入文字或段落后，若想创造更艺术化的动感文字效果，可对文本进行"变形"编辑。下面详细介绍创建变形文本的步骤。

步骤 01　打开随书光盘中的文件"第 2 章 / 变形文字素材"，选择横排文字工具，并在其选项栏中设置文字的字体、字号、颜色等属性，如图 2.139（a）所示，在画面上输入文字，如图 2.139（b）所示。

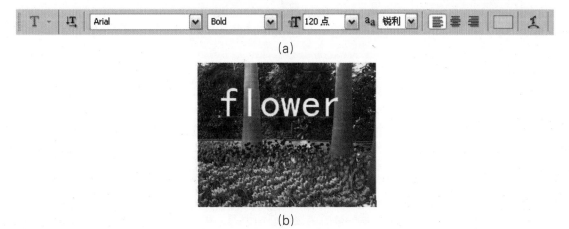
(a)

(b)

图 2.139

步骤 02　执行菜单栏中的"图层"→"文字"→"文字变形"命令，打开"变形文字"对话框，在"样式"下拉列表中选择"旗帜"，将"弯曲"的参数设置为 50%，如图 2.140 所示，文字效果如图 2.141 所示。

3）创建及编辑路径文字

路径文本是指沿路径的形状排列的文本，当改变路径的形状时，文本的排列方式也将改变。下面介绍创建路径文本的步骤。

步骤 01　新建文件，选择钢笔工具，在其选项栏中选择"路径"按钮，绘制一条路径，如图 2.142 所示。

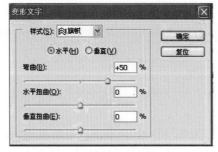
图 2.140

图 2.141

图 2.142

步骤 02  选择横排文字工具，并在其选项栏中设置文字的字体、字号、颜色等属性，如图 2.143 所示。

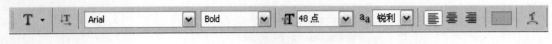

图 2.143

步骤 03  将鼠标指针放在所绘制的路径上，单击设置文字插入点，此时输入文字，文字即可沿着路径排列，如图 2.144 所示，按下 Ctrl+ 回车键结束操作。在"路径"面板空白处单击，可隐藏路径，如图 2.145 所示。

步骤 04  在"路径"面板中选择文字路径，画面中会显示路径。按住 Ctrl 键不放，将鼠标指针放在路径锚点上，鼠标指针变成直接选择工具的形状后，移动锚点、调整方向线修改路径的形状，文字会沿着修改后的路径重新排列，如图 2.146 所示。

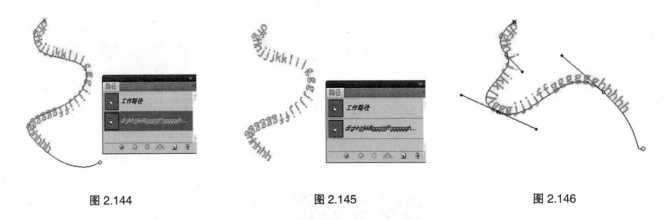

图 2.144　　　　　　　　　　图 2.145　　　　　　　　　　图 2.146

4）创建及编辑区域性文字

区域性文字指的是将文字输入至一个完整的闭合路径中，使文字具有路径的外形。下面介绍创建编辑区域性文字的步骤。

步骤 01  新建文件，选择椭圆工具，在其选项栏中单击"路径"按钮。按住 Shift 键创建一个圆形的路径，如图 2.147 所示。

步骤 02  使用横排文字工具，将鼠标指针置于圆形路径的内部，单击鼠标左键在闭合的路径内插入光标，如图 2.148 所示。

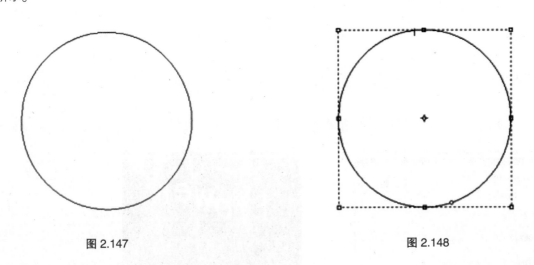

图 2.147　　　　　　　　　　　　　图 2.148

步骤 03  输入所需文字，文字的排列就会被限定在路径内部，如图 2.149 所示。若想修改当前路径的轮廓，可再次选择直接选择工具或钢笔工具对路径进行修改，如图 2.150 所示。

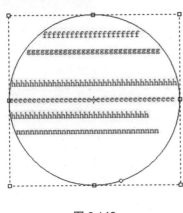

图 2.149

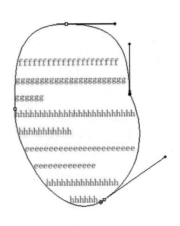

图 2.150

5）格式化字符

格式化字符就是设置文字的属性。输入文字之前，可以在工具选项栏或"字符"面板中设置文字的字体、大小和颜色等属性。输入文字之后，也可以通过以上两种方式修改文字的属性。如果要修改的是部分文字的属性，可以先用文字工具将它们选中，再进行属性的编辑。

设置文字的属性可按以下步骤进行操作。

步骤 01　新建文件，输入文字，如图 2.151 所示。

步骤 02　单击工具选项栏中的"切换字符和段落面板"按钮，弹出如图 2.152 所示的"字符"面板，在面板中可进行相应的设置。

图 2.151

图 2.152

设置行距 █：在下拉列表中选择一个数值或直接输入数值，可以设置多行文字间的行距，数值越大，行距越大。

字符间距 █：此参数只能用于中文字体，数值越大中文字之间的间距越大。

基线偏移 █：用来控制文字与基线的距离，该数值为正数时可以使文字高于基线，该数值为负数时可以使文字低于基线。

字体特殊样式 █ █ █ █ █ █ █ █：用来改变当前文字的样式，其中的按钮依次为：仿粗体、仿斜体、全部大写字母、小型大写字母、上标、下标、下划线及删除线。其中的"全部大写字母"和"小型大写字母"只对罗马字有效。

消除锯齿 █：单击按钮，可在下拉列表中选择一种消除文字锯齿的方法。

6）格式化段落

格式化段落就是设置文本的段落属性，如设置段落文本的对齐、缩进和文字行间距等。

格式化段落操作步骤如下。

步骤 01　选择文字工具，在要设置段落属性的文字中单击插入光标。若要设置多段文字的属性，可以选中这些段落中的文字。

步骤 02　单击"字符"面板右侧的"段落"标签，即打开"段落"面板，如图 2.153 所示。

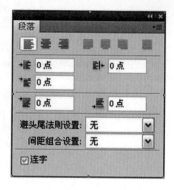

图 2.153

对齐方式 ▨▨▨ ▨▨▨ ▨：单击选择其中的对齐方式，光标所在的段落就可按相应的方式对齐。

左缩进 ▨：设置此缩进后，横排文字从段落的左边缩进，直排文字从段落的顶端缩进。

右缩进 ▨：设置此缩进后，横排文字从段落的右边缩进，直排文字从段落的底端缩进。

首行缩进 ▨：可缩进段落中的首行文字。

段前添加空格 ▨：设置当前段落与上一段落的距离。

段后添加空格 ▨：设置当前段落与下一段落的距离。

连字：可以在断开的单词间显示连字标记，只限用于罗马字。

7）文字的转换

文字图层不同于普通的图像图层，许多工具与命令在文字图层中是无法使用或不可执行的，如果要对文字图层进行更多的图像化效果处理，必须将文字层转换为普通的图像图层。

文字除了能转换为像素图像，还可以转换为形状，并由形状生成路径。

（1）栅格化文字图层。

选中文字图层，单击鼠标右键，在弹出的快捷菜单中选择"栅格化文字"命令，即可将文字图层转换为普通图层。文字图层转换为普通图层后，可对其进行各种图像类的命令处理，但不能再更改文字的内容和格式，如图 2.154 和图 2.155 所示。

图 2.154

图 2.155

（2）文字转换为形状。

执行菜单栏中的"图层"→"文字"→"转换为形状"命令，可将文字转换为文字形的形状轮廓。图 2.156 所示为转换前的文字图层状态，图 2.157 所示为转换后的形状图层状态。

将文字转换为形状后，可对文字形状进行相应的修改，得到新的效果，如图 2.158 所示。

（3）由文字生成路径。

执行菜单栏中的"图层"→"文字"→"创建工作路径"命令，可将文字转换为工作路径，具体操作步骤如下。

步骤 01　使用横排文字工具输入文字，在"图层"面板中选择文字图层为当前操作图层，如图 2.159 所示。

步骤 02　执行菜单栏中的"图层"→"文字"→"创建工作路径"命令，将当前文字的外形创建成一条工作路径，如图 2.160 所示。

步骤 03 对该工作路径进行填充颜色、改变轮廓等方面的编辑，如图 2.161 所示。

图 2.156

图 2.157

图 2.158

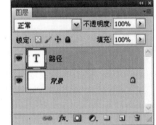

图 2.159

图 2.160

图 2.161

## 2.5 路径类工具介绍与应用 FIVE

    路径是可以使用颜色填充和描边的可编辑轮廓，也可以转换为选区。它包括有起点和终点的开放型路径（见图 2.162），以及没有起点和终点的闭合型路径（见图 2.163）。

    路径也可以由多个相互独立的路径组成，这些相互独立的路径称为子路径，如图 2.164 所示的路径中就包含了两个子路径。

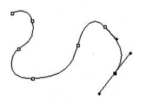

图 2.162

图 2.163

图 2.164

### 1. 路径工具分类与使用

1）钢笔工具

钢笔工具 ✐ 是 Photoshop 中最为强大的绘图工具，它主要用于绘制矢量图形和选取对象。

下面介绍用钢笔工具绘制方形的步骤。

步骤 01　选择钢笔工具 ✐，在其选项栏中按下"路径"按钮 ▨，将鼠标指针移至画面中（鼠标指针变为 ♧×状），单击就可创建一个锚点，如图 2.165 所示。松开鼠标按键，将鼠标指针移至下一处单击，创建第二个锚点，两个锚点会连接成一条直线路径，继续按住 Shift 键不放，将鼠标指针放在第二个锚点下方并单击，出现第三个锚点，三个锚点连接为一个直角，如图 2.166 所示。以同样的方法创建方形路径的第四个锚点。

图 2.165

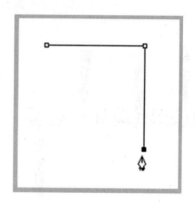

图 2.166

步骤 02　闭合路径，将鼠标指针放在路径的起点，当鼠标指针变为 ♧。状时，如图 2.167 所示，单击即可闭合路径。这时方形即绘制完成。

如果要结束当前开放式路径的绘制，可以按住键盘的 Ctrl 键，然后在画面的空白位置单击，或按下 Esc 键也可以结束路径的绘制。

下面介绍用钢笔工具绘制曲线的步骤：选择钢笔工具，在其选项栏中按下"路径"按钮，将鼠标指针移至画面中单击，便可创建一个点，将鼠标指针移至下一处，单击并向下拖动创建第二个点，在拖动的过程中调整结点处手柄方向以调整出满意的曲线形态，如图 2.168 所示；以同样的方法创建更多的点，绘制出理想的曲线。

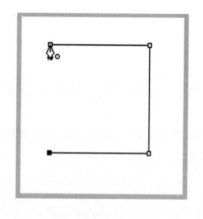

图 2.167

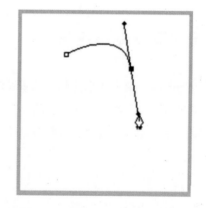

图 2.168

2）自由钢笔工具

利用自由钢笔工具 ✐ 可绘制线条很随意的图形，用法与套索工具十分相似。选择该工具后，在画面中单击并拖动鼠标即可绘制路径，路径的形状为鼠标指针运行的轨迹，如图 2.169 所示。

3）磁性钢笔工具

选择自由钢笔工具  后，在其选项栏中勾选"磁性的"选项，自由钢笔工具可转换为磁性钢笔工具。

磁性钢笔工具与磁性套索工具非常相似，在使用时只需在对象边缘单击，然后松开鼠标按键，沿着边缘拖动即可创建路径。在绘制时可按下 Delete 键删除锚点，双击鼠标按键，路径闭合。图 2.170 所示为使用磁性钢笔工具绘制的路径。

单击"自定形状工具"按钮右侧的 ▼，可打开如图 2.171 所示的下拉面板。"曲线拟合"设置项和"钢笔压力"选项是自由钢笔工具和磁性钢笔工具的共同选项，"磁性的"选项是控制磁性钢笔工具的特定选项。

图 2.169

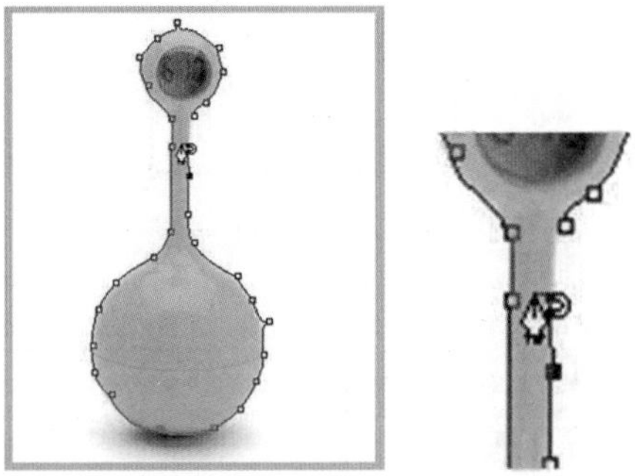

图 2.170

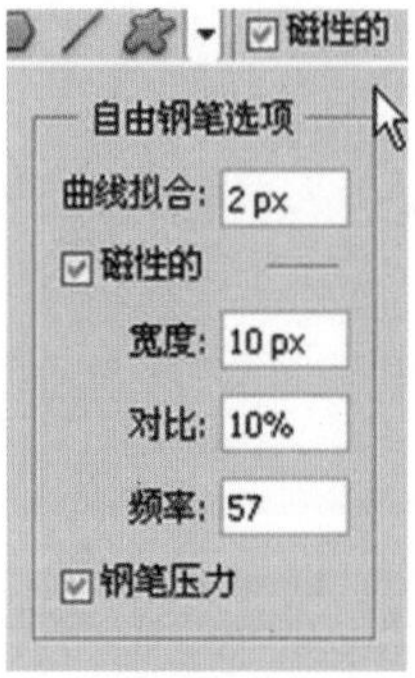

图 2.171

"曲线拟合"设置项：用于控制绘制路径时对鼠标移动的敏感度。该值越大，生成的锚点越少，路径越简单。

"磁性的"选项：其中，"宽度"用于设置磁性钢笔工具的检测范围，该值越大，工具检测范围就越大；"对比"用于设置工具对图像边缘的敏感度，如果图像的边缘颜色与背景的颜色比较接近，可将此值设置得大些；"频率"用于确定锚点的密度，该值越大，锚点的密度越大，锚点就越多。

"钢笔压力"选项：如果计算机配有数位板，可以选择该选项，通过钢笔压力控制检测宽度，压力的增加将导致工具的检测宽度减小。用压感笔（数位板中有配套压感笔）就可以更轻易地画出路径。

4）钢笔工具的使用技巧

使用钢笔工具时，鼠标指针在路径和锚点上会有不同的显示状态，通过对鼠标指针显示状态的观察可以判断钢笔的功能，从而可以更加灵活地使用钢笔工具，绘图会变得更加便捷。

✎×：当鼠标指针在画面中显示为 ✎× 状时，单击可以创建一个角点；单击并拖动鼠标可以创建一个平滑点。

✎+：在工具选项栏中勾选了"自动添加 / 删除"选项后，当鼠标指针在路径上变为 ✎+ 状时单击，可在路径上添加锚点。

✎-：勾选了"自动添加 / 删除"选项后，当鼠标指针在锚点上变成 ✎- 状时，单击可删除该锚点。

✎o：在绘制路径的过程中当鼠标指针移至路径起始的锚点上时，鼠标指针会变成 ✎o 状，单击可闭合路径。

**2. 路径的编辑**

使用钢笔工具绘制形状或描摹轮廓时，通常不能一次性绘制到位，这时就需要在形状绘制成轮廓描摹初步完成后，通过对锚点和路径的细微调整编辑使之更符合要求。

1）选择和移动锚点、路径

使用直接选择工具单击一个锚点即可选择该锚点，选中的锚点显示为实心的小方块，未选中的路径为空心的小方块，如图 2.172 所示。

使用路径选择工具单击路径即可选择该路径，若选项栏中的"显示定界框"选项已勾

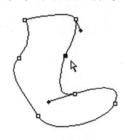

图 2.172

选，此时选择的路径会显示出定界框，如图 2.173 所示，拖动定界框的控制点，就可对路径进行变换操作。

选择路径后，按住鼠标左键不放并拖动，便可将其移动。

2）添加与删除锚点

选择添加锚点工具，将鼠标指针放到路径上单击，即可添加一个锚点，如图 2.174 所示；若单击并拖动鼠标，则可添加一个平滑点，如图 2.175 所示。

选择删除锚点工具，将鼠标指针放到锚点上并单击，即可删除这个锚点，如图 2.176 所示。

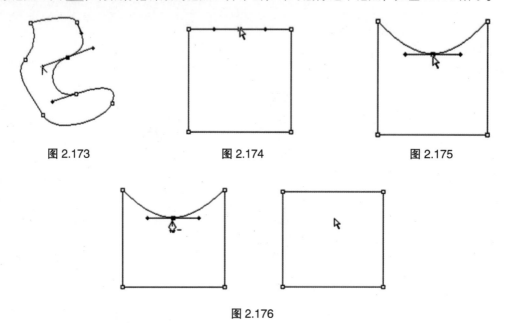

图 2.173          图 2.174          图 2.175

图 2.176

使用直接选择工具 选择锚点后，按下 Delete 键同样可以删除锚点，但与被删除锚点连接的路径段也会被同时删除。如果采用这种方式删除了闭合式路径上的锚点，路径就会变为开放式路径。

3）转换锚点

转换锚点工具 用于转换锚点的类型。选择该工具后，将鼠标指针放在锚点上，如果当前锚点为角点，单击并拖动鼠标可将其转换为平滑点，如图 2.177 所示；如果当前锚点为平滑点，则单击可将其转换为角点，如图 2.178 所示。

4）路径面板

"路径"面板主要用于保存和编辑路径，包含了所有存储的路径及当前正在编辑的路径和矢量蒙版的缩略图，如图 2.179 所示。

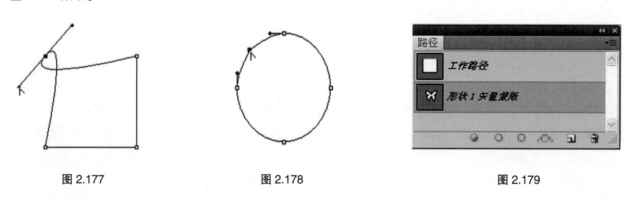

图 2.177          图 2.178          图 2.179

5）新建路径

单击面板中的"创建新路径"按钮 ，可以创建一个新路径层，如图 2.180 所示。如果要在新建路径时自定义路径的名称，可以在单击"创建新路径"按钮  的同时按住 Alt 键，在打开的"新建路径"对话框中输入路径的名称，如图 2.181 所示。

图 2.180　　　　　　　　　　　　　　　　　　　图 2.181

6）删除路径

在"路径"面板中选择路径，单击"删除当前路径"按钮，在弹出的对话框中单击"是"按钮即可将其删除，也可以将路径拖到该按钮上直接删除。

7）隐藏路径

单击"路径"面板中的路径后，画面中会始终显示此路径。如果要保持路径的选择状态，但又不希望路径对视线造成干扰，可按下组合键 Ctrl+H 隐藏画面中的路径。再次按下该快捷键可以重新显示路径。

8）复制路径

在"路径"面板中将路径拖到"创建新路径"按钮  上，可以复制该路径。如果要复制并重命名路径，可以选择该路径，然后执行面板菜单中的"复制路径"命令，或在该路径层上右击并在弹出的快捷菜单中选择"复制路径"命令，然后在弹出的"复制路径"对话框中输入新路径的名称，如图 2.182 所示。

9）路径与选区的相互转换

路径与选区可相互转换。路径与选区的相互转换可按如下步骤进行操作。

步骤 01　打开随书光盘中的文件"第 2 章 / 路径与选区的相互转换"，选择魔棒工具，按住 Shift 键连续单击图案，创建选区，如图 2.183 所示。

图 2.182

图 2.183

步骤 02　单击"路径"面板中的"从选区生成工作路径"按钮 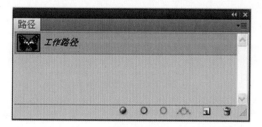，可以将选区转换为路径，如图 2.184 所示。

步骤 03　在"路径"面板中选择路径后，单击"将路径作为选区载入"按钮 ，可以载入路径中的选区。

10）描边与填充路径

（1）对路径进行描边，可按如下步骤进行操作。

图 2.184

步骤 01  在"路径"面板中选择已创建好的蝴蝶形路径。

步骤 02  在工具箱中将前景色设置为描边时采用的颜色，选择画笔工具并在其选项栏中设置参数，如图 2.185 所示。

图 2.185

步骤 03  单击"路径"面板中的"用画笔描边路径"按钮 ，即可得到描边的效果，如图 2.186 所示。

（2）对路径进行填充，可按如下步骤进行操作。

步骤 01  打开随书光盘中的文件"第 2 章 / 填充路径素材"，新建一个空白的图层，得到"图层 1"，如图 2.187 所示。

步骤 02  在"路径"面板中选择需要填充的路径，如图 2.188 所示。

图 2.186

图 2.187

图 2.188

步骤 03  设置前景色为蓝色，在"路径"面板中，按住 Alt 键的同时单击"用前景色填充路径"按钮，弹出"填充路径"对话框，在对话框中设置参数，如图 2.189 所示。

在"填充路径"对话框中可以设置填充内容和混合模式等选项。

使用：可选择用前景色、背景色或其他颜色填充路径。如果选择"图案"，则可在"自定图案"的下拉面板中选择一种图案来填充路径。

模式：用来选择填充效果的混合模式。

不透明度：用来设置填充的不透明程度。

保留透明区域：此功能只能用于填充的包含像素的图层区域。

羽化半径：可为填充设置羽化值。

消除锯齿：可部分填充选区的边缘，在选区的像素和周围像素之间创建精细柔和的过渡。

步骤 04  设置"图层 1"的混合模式为"亮光"，得到最终的填充效果，如图 2.190 所示。

图 2.189                                                                图 2.190

### 3. 几何绘图工具

Photoshop 中的形状工具包括矩形工具 ▣、圆角矩形工具 ▣、椭圆工具 ●、多边形工具 ●、直线工具 ╱ 和自定形状工具 ✿。使用形状工具时，需要在工具选项栏中选择一种绘图模式，不同绘图模式包含的选项也略有不同。

1）矩形工具

矩形工具 ▣ 用于绘制矩形和正方形，选择该工具后单击并拖动鼠标可创建矩形，在拖动鼠标的同时，按住 Shift 键则可创建正方形。

单击工具选项栏中的"几何选项"按钮 ▾，打开矩形选项下拉面板，如图 2.191 所示。

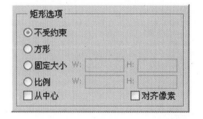

图 2.191

不受约束：拖动鼠标可创建出任意大小的矩形或正方形。

方形：拖动鼠标时只能创建出正方形。

从中心：在创建矩形时，鼠标在画面中的单击点即为矩形的中心，拖动鼠标时矩形将由确定的中心点向外扩展。

固定大小：勾选该项并在它右侧的文本框中输入宽度和高度数值，此后单击鼠标时，只能创建预设大小的矩形。

比例：勾选该项并在它右侧的文本框中输入宽度和高度的比例数值，此后无论创建何种大小的矩形，矩形的宽和高的比例都会保持预设的比例。

对齐像素：选中此项时，矩形的边缘与像素的边缘重合，图形的边缘就不会出现锯齿。

2）圆角矩形工具

利用圆角矩形工具 ▣ 可创建圆角的矩形。其用法与矩形工具完全相同，但其选项栏中多了"半径"选项，半径的数值越大，圆角的圆滑度就越大。图 2.192 所示分别为该值设置为 5 px 和 50 px 时绘制出的圆角矩形的效果。

3）椭圆工具

利用椭圆工具 ● 可创建椭圆形和圆形。选择该工具后，单击并拖动鼠标可以绘制出椭圆形，拖动鼠标的同时按住 Shift 键则可创建圆形，如图 2.193 所示。

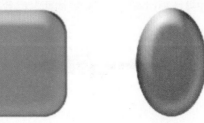

图 2.192                                                     图 2.193

4）多边形工具

利用多边形工具 ⬡ 可创建多边形和星形，如图 2.194（a）所示。绘图前还要在多边形工具选项栏中设置多边形或星形的边数，数值范围为 3 到 100。单击工具选项栏中的"几何选项"按钮 ▼，打开其下拉面板，可设置创建多边形的相应选项，如图 2.194 所示。

半径：设置多边形或星形的半径值后，单击并拖动鼠标时会创建指定半径值的多边形或星形，如图 2.195 所示。

平滑拐角：勾选该项，可创建具有平滑拐角的多边形和星形，如图 2.196 所示。

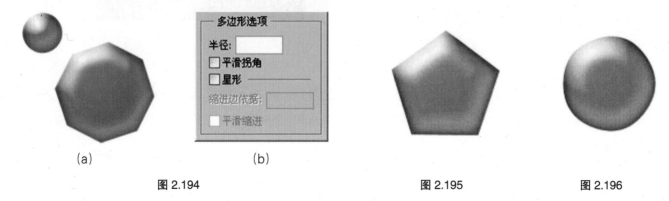

|  |  |  |  |
|---|---|---|---|
| （a） | （b） | | |
| 图 2.194 | | 图 2.195 | 图 2.196 |

星形：勾选该项，可以创建星形。在"缩进边依据"文本框中可以设置星形边缘向中心缩进的数量，该值越大，缩进量就越大，如图 2.197 所示。勾选"平滑缩进"项，可使星形的边缘平滑地向其中心缩进，如图 2.198 所示。

5）直线工具

直线工具 ／ 用于创建直线和直线箭头，选择该工具后，单击并拖动鼠标可以创建直线。按住 Shift 键不放可创建水平直线、垂直直线或 45° 斜线。其工具选项栏包含了设置直线粗细的选项。单击工具选项栏中的"几何选项"按钮，打开下拉面板，其中包含了创建箭头的选项，如图 2.199 所示。

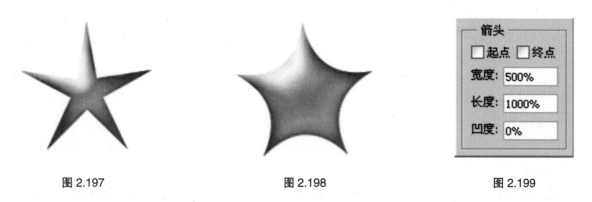

| 图 2.197 | 图 2.198 | 图 2.199 |
|---|---|---|

起点 / 终点：勾选"起点"项，可在直线的起点处创建箭头（见图 2.200(a)）；勾选"终点"项，可在直线的终点处创建箭头（见图 2.200(b)）；如果两项都勾选，则直线的两端都会有箭头（见图 2.200(c)）。

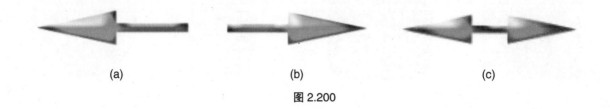

| (a) | (b) | (c) |
|---|---|---|
| | 图 2.200 | |

宽度：用来设置箭头宽度与线条粗细的百分比，数值范围为 10% ~ 1 000%。

长度：用来设置箭头长度与线条粗细的百分比，数值范围为 10% ~ 5 000%。图 2.201 所示分别为使用不同长度百分比创建的箭头。

图 2.201

凹度：用于设置箭头的凹陷程度，数值范围为 –50% ~ 50% ，该值为 0 时，箭头为等腰三角形（见图 2.202 (a)）；该值大于 0 时，箭头向内凹陷（见图 2.202 (b)）；该值小于 0 时，箭头向外凸出（见图 2.202 (c)）。

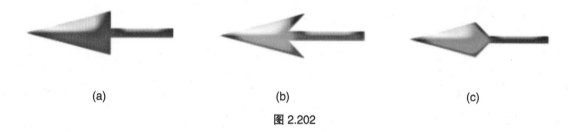

(a)                (b)                (c)

图 2.202

6）自定形状工具

使用自定形状工具 ，可以创建 Photoshop 形状库中预设的形状，或者自定义的形状，或者是外部提供的链接形状。选择该工具后，需单击工具选项栏中的"形状"项后的按钮 ，在下拉的形状库面板中选择一种形状，如图 2.203 所示。注：按住 Shift 键拖动鼠标，可保持形状的比例不变。

若要用其形状库以外的图形，可以在"自定形状选项"下拉面板中设置，如图 2.204 所示。

图 2.203

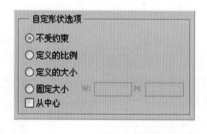

图 2.204

7）载入形状库

选择自定形状工具，在工具选项栏中单击"形状"选项右侧的按钮，打开形状下拉面板，单击面板右上角的三角形按钮，可展开面板菜单，如图 2.205 所示，其中包含了形状库中的各类形状分类。

选择"全部"命令，会载入形状库中的所有形状来替换当前库中所显示的形状，如图 2.206 所示单击"追加"按钮，则可在原有的基础上再添加形状。

执行面板菜单中的"载入形状"命令，如图 2.207 所示，会弹出"载入"对话框，用户在计算机中选择形状文件单击"载入"按钮，就可将选择的形状载入到形状库中。

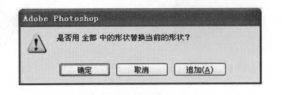
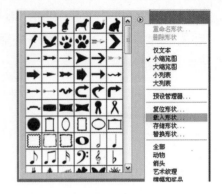

图 2.205 图 2.206 图 2.207

## 2.6 辅助类工具的用法 SIX

在处理图像时，常需要使用一些辅助类的工具，以方便操作，提高工作效率。下面来介绍各类辅助工具的使用方法。

### 1. 单位和标尺的设置

在编辑图像过程中利用标尺可精确确定图像的所在位置。在实际的编辑中可以调整标尺原点的位置，也可以结合网格、参考线等工具进行操作。设置标尺原点和创建辅助线方法如下。

步骤01　打开随书光盘中的文件"第2章/标尺素材"，执行菜单栏中的"视图"→"标尺"命令，或按快捷键 Ctrl+R 显示标尺，如图 2.208 所示。

步骤02　在标尺的原点处按住鼠标左键不放，拖动鼠标到要新创建的原点的位置，释放左键，标尺原点的位置即发生改变，如图 2.209 所示。将鼠标指针放在左上角方块处（水平标尺和垂直标尺相交位置）双击，即可将原点复原。将鼠标指针放在标尺上拖动鼠标，即可创建辅助线如图 2.210 所示。

图 2.208 图 2.209 图 2.210

### 2. 吸管工具

吸管工具是用来从当前图像、"色板"面板和"颜色"面板上进行色彩采样的工具，采集的色样可用来设置前景色和背景色。

#### 1）从图像中取样

使用吸管工具可以从图像中吸取像素点的颜色，或对所吸取点周围的多个像素的平均色进行取样，从而改变工具箱中的前景色和背景色，操作步骤如下。

步骤 01　打开随书光盘中的文件"第 2 章 /"吸管工具",选择吸管工具,单击图像中的蓝色进行吸取,此工具箱中的前景色变成蓝色,如图 2.211 所示。

步骤 02　将鼠标指针移动到"色板"面板的空白处,鼠标指针由吸管形状变成油漆桶形状。

步骤 03　单击鼠标左键,弹出"色板名称"对话框,设置色板的名称,如图 2.212 所示。

步骤 04　单击"确定"按钮,可把刚才吸取的前景色保存到"色板"面板中。

步骤 05　用吸管工具选中图像中颜色的同时按住 Alt 键,工具箱中的背景色可变为所选颜色,如图 2.213 所示。

吸管工具选项栏中"取样大小"项介绍如下。

单击"取样大小"后的按钮,展开下拉列表,如图 2.214 所示。

图 2.211

图 2.212

图 2.213

图 2.214

取样点:系统的默认选项,表示选取的颜色精确到一个像素,单击图像某位置上的像素颜色就是当前的所选颜色。

3×3 平均:表示以 3×3 个像素的平均值来确定所选的颜色。其他如"5×5 平均"项与此项类似,在此不赘述。

2）从"色板"面板中取样

"色板"面板中储存了经常使用的颜色,可直接选取使用,也可自行在面板中添加或删除颜色,操作方法如下。

步骤 01　选择吸管工具,在"色板"面板中吸取所需的颜色,即可改变工具箱中的前景色,如图 2.215 所示。

步骤 02　按住 Ctrl 键的同时,在色板中吸取所需的颜色,则可改变背景色,如图 2.216 所示。

步骤 03　在"色板"面板中,单击选中一种颜色并按住鼠标左键不放,鼠标指针变成抓手图标时,拖动鼠标至"删除色板"按钮上,可将选中的颜色删除,如图 2.217 所示。

步骤 04　按住 Alt 键不放,单击色板下方的"创建前景色的新色板"按钮,弹出"色板名称"对话框,如图

2.218 所示。设置名称，然后单击"确定"按钮。

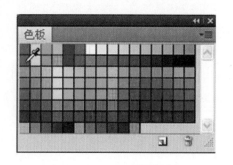

图 2.215

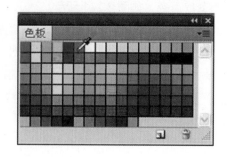

图 2.216

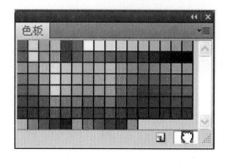

图 2.217

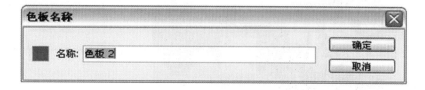

图 2.218

3）从"颜色"面板中取样

在"颜色"面板中可以输入色值和拖动滑块来设置颜色，操作步骤如下。

步骤 01　工具箱中的前景色和背景色与"颜色"面板中的前景色和背景色相同，如图 2.219 所示。

步骤 02　在"颜色"面板中单击前景色图标，再从色条（如图 2.220 所示颜色条）上取色。

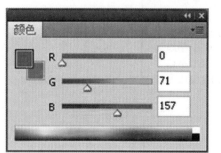

图 2.219

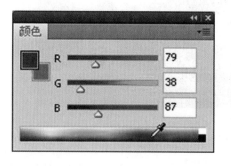

图 2.220

### 3．缩放工具

缩放工具可用来放大或缩小图像，以便查看图像的细节或整体。

下面介绍通过单击放大和缩小图像的方法。

打开随书光盘中的文件"第 2 章 / 缩放素材"，如图 2.221 所示。选择缩放工具，当放大镜图标中有加号时在图像上单击，图像即被放大。进行多次放大图像操作后，图像局部效果如图 2.222 所示。反之当放大镜图标中有减号时，在图像上单击即可缩小图像显示。

小技巧：以下为对图像进行缩放的其他操作方法。

（1）按快捷键 Ctrl+ "+"号可以放大图像，按快捷键 Ctrl+ "-"号可以缩小图像，按快捷键 Ctrl+0（阿拉伯数字）图像在软件中显示最合适的大小。

（2）选择缩放工具后，按住 Alt 键不放，单击图像则可将当前图像缩小。不选择缩放工具，按住 Alt 键不放，然后推动鼠标的滑轮，向前推动时图像会被放大，向后推动时图像会被缩小。

图 2.221　　　　　　　　　　　　　　　　　　　　图 2.222

#### 4. 抓手工具

当图像放大至窗口无法完全显示的状态时，利用抓手工具可以拖动图像，查看图像局部的具体信息，具体操作步骤如下。

步骤 01　打开随书光盘中的文件"第 2 章 / 缩放素材"，选择抓手工具，在图像上右击，在弹出的快捷菜单中选择"按屏幕大小缩放"命令，则图像会以最佳的比例显示，如图 2.223 所示。

步骤 02　当图像放大至图像窗口无法完全显示的状态时，打开"导航器"面板，如图 2.224 所示。

步骤 03　在"导航器"面板中，缩略图像上会显示一个红色方框，在方框区域内按住鼠标不放，当鼠标指针变成抓手图标时，拖动鼠标，此时窗口中会按"导航器"中方框的位置显示图像局部，如图 2.225 所示。

图 2.223　　　　　　　　　　　　　　　　　　　　图 2.224

图 2.225

# 第 3 章
# Photoshop CS5 的菜单命令 ......

Photoshop
CS
Yishu Sheji
Jiaocheng

## 3.1 "编辑" 菜单命令及应用 **ONE**

**1. 复制、剪切、粘贴、贴入**

在图像内拖动选区，可利用工具箱中的移动工具拖动，也可使用"编辑"菜单中"复制"、"合并复制"、"剪切"及"粘贴"等相关命令进行编辑。

1）复制

执行菜单栏中的"编辑"→"复制"命令，或按快捷键 Ctrl+C，即可将当前选区内的图像复制到剪贴板中。

说明：剪贴板中的内容可以进行多次粘贴。

2）合并复制

执行"合并复制"命令可复制所有可见的图层并合并到剪贴板中，画面中的图像内容不变。

3）剪切

执行菜单栏中的"编辑"→"剪切"命令，或按快捷键 Ctrl+X，可将当前选区内的图像剪切掉，并粘贴到剪贴板上。如果当前的图像处于普通图层（见图 3.1（a）），剪切后选区会变成透明的区域，如图 3.1（b）所示。

（a）        （b）

图 3.1

如果当前图层是背景图层（见图 3.2（a）），剪切后选区以工具箱中背景色的颜色显示，如图 3.2（b）所示。

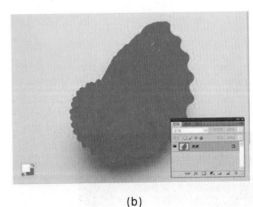

（a）        （b）

图 3.2

4）粘贴

对图像进行复制或剪切操作后，执行菜单栏中的"编辑"→"粘贴"命令，或按快捷键 Ctrl+V，可将剪贴板中之前复制或剪切的内容粘贴到选区的内部或作为一个新的图层粘贴到当前图层的上方。如果没有选区，则会将复制或剪切的图像粘贴到图像的正中间，如图 3.3 所示。

5）贴入

执行菜单栏中的"编辑"→"选择性粘贴"→"贴入"命令，或按快捷键 Shfit+Alt+Ctrl+V，可将图像粘贴到同一图像或不同图像的选区内。源选区会粘贴到新的图层，目标选区的边框会转换为图层蒙版。图 3.4 所示为创建的选区，图 3.5 所示为"贴入"在选区内的图像，图 3.6 所示为图层蒙版的显示。

图 3.3

图 3.4

图 3.5

图 3.6

## 2. 填充、描边

在"编辑"菜单中，可以通过"填充"和"描边"命令来绘制图像效果。

1）填充

使用"填充"命令可以对当前的图层或创建的选区内部填充颜色和图案。在填充时可以通过设置填充效果的不透明度和混合模式，增强填充的效果。如果画面中存在选区，只能填充选区内的图像，如图 3.7 所示。

执行菜单栏中的"编辑"→"填充"命令，可调出"填充"对话框，如图 3.8 所示。

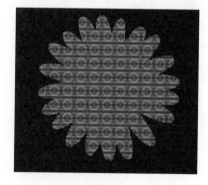

图 3.7

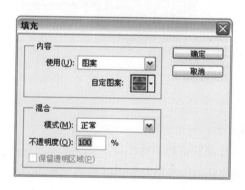

图 3.8

使用：可使用工具箱中的前景色或背景色来填充对象（或按快捷键 Alt+Delete 填充前景色，按快捷键 Ctrl+Delete 填充背景色）。

在"使用"后的下拉列表中选择"颜色"，会弹出"选取一种颜色"对话框，用户可在其中选择填充的颜色；在"使用"后的下拉列表中选择"图案"，可以在"自定图案"选项下拉列表中选择一种填充图案；在"使用"后的下拉列表中选择"历史记录"，在填充时，可将对象恢复为"历史记录"面板中记录的某一状态；在"使用"后的下拉列表中选择"黑色"、"50%灰色"和"白色"，则是以这些默认的标准色进行填充。

模式：用于设置填充效果与下面的图像的混合模式。

不透明度：用来设置填充效果的不透明度。

保留透明区域：勾选此选项后，透明区域不会被填充，只填充包含不透明像素的区域。

2）描边

使用"描边"命令可以对图层的外框、选区的边缘或路径描绘边线。图 3.9 所示为创建的选区，图 3.10 所示为执行"描边"命令后的效果。

图 3.9

图 3.10

图 3.11

执行菜单栏中的"编辑"→"描边"命令，可调出"描边"对话框，如图 3.11 所示。

宽度：可设置描边的宽度，该值越大描的边就越宽。

颜色：单击"颜色"后的颜色框，可在弹出的"选取描边颜色"对话框中设置描边的颜色。

位置：用于设置描边在选区或图像上的位置，包括"内部"、"居中"、"居外"。

模式：用于设置描边效果与下面的图像的混合模式。

不透明度：用来设置描边效果的不透明度。

**3. 定义画笔预设、定义图案、定义自定形状**

在"编辑"菜单中，可以自由创建自己需要的画笔、图案和形状，并保存到 Photoshop 中，操作过程中可随时调出使用。

1）定义画笔预设

在 Photoshop 中可以将绘制的图形、整张图片或图像中的选区部分定义为画笔，在绘画时使用自定义的画笔可以轻松达到复杂的绘画效果。下面介绍定义画笔的操作步骤。

步骤 01　打开随书光盘中的文件"第 3 章 / 定义画笔"，如图 3.12 所示。

步骤 02　选择椭圆选框工具，将其选项栏中的"羽化"值设置为 8 px，按住 Shift 键在画面中创建一个圆形的选区，并将其移动至小猫的头部位置，如图 3.13 所示。

图 3.12　　　　　　　　　　　　　　　　图 3.13

步骤 03　执行菜单栏中的"编辑"→"定义画笔预设"命令，弹出"画笔名称"对话框，输入画笔的名称，单击"确定"按钮，创建自定义的画笔，如图 3.14 所示。

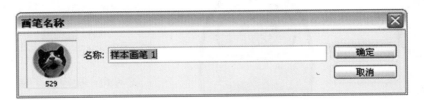

图 3.14

步骤 04　打开"画笔"面板，单击面板左侧的"画笔预设"按钮，在画笔列表的底部可看到新创建的画笔，如图 3.15 所示。

可以通过"画笔预设"面板的面板菜单命令（见图 3.16）设置画笔在"画笔"面板中的显示方式。

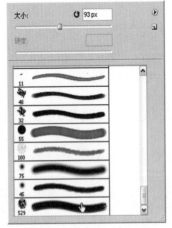

图 3.15　　　　　　　　　　　　　　　　图 3.16

默认的显示方式是"描边缩览图"，可显示画笔的缩览图及画笔的大小；选择"仅文本"会只以文本的方式显示画笔的名称；选择"小缩览图"和"大缩览图"可以调整默认的画笔缩览图的大小；选择"小列表"和"大列表"，则是以列表的方式显示画笔的名称和缩览图。

步骤 05　新建一个文件，在工具箱中单击前景色，弹出"拾色器（前景色）"，选择颜色。选中画笔工具，在其选项栏中打开"画笔预设"选取器，选中步骤 03 中新创建的画笔，并调整大小，在文件上用新创建的画笔点击或涂抹，即产生图 3.17 所示的效果。

2）定义图案

执行菜单栏中的"编辑"→"定义图案"命令可以将创建的效果图定义成图案，并可以将其填充到图层或选区中。下面介绍定义图案的操作步骤。

步骤 01　新建文件，在"新建"对话框中进行如图 3.18 所示的设置。

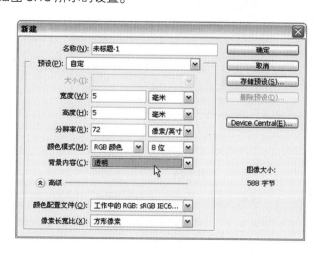

图 3.17　　　　　　　　　　　　　　图 3.18

步骤 02　选择缩放工具，在文件上单击，将其扩大到 3 200%。选中椭圆选框工具，在新建文件的中心按住 Shift 键拖出一个圆形的选区，由于文件已扩大到 3 200%，所以圆形选区显示出像素的外形，如图 3.19 所示。

步骤 03　选择油漆桶工具，或按快捷键 Alt+Delete，将前景色填充到选区中，如图 3.20 所示。

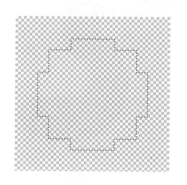

图 3.19　　　　　　　　　　　　　　图 3.20

步骤 04　执行菜单栏中的"选择"→"取消选择"命令或按快捷键 Ctrl+D，取消选区。再执行菜单栏中的"编辑"→"定义图案"命令，弹出"图案名称"对话框，设置图案的名称，如图 3.21 所示。单击"确定"按钮，即将所画的圆形创建为图案。

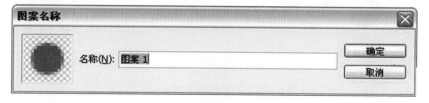

图 3.21

步骤 05 选中油漆桶工具，将其选项栏的填充内容由"前景色"切换到"图案"，调出"图案"下拉面板，即可在缩略图的最后找到新创建的图案，如图 3.22 所示。

步骤 06 关闭当前文件，再新建一个文件，在"新建"对话框中进行如图 3.23 所示的设置。

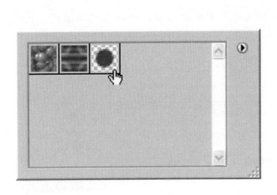

图 3.22                                              图 3.23

步骤 07 选择油漆桶工具，将其选项栏的填充内容由"前景色"切换到"图案"，在图案下拉面板中选择步骤 04 中新创建的图案，在画面上单击，即可得到图案效果，如图 3.24 所示。

3）定义自定形状

执行菜单栏中的"编辑"→"定义自定形状"命令可以将用钢笔工具创建的图形定义成自定形状。下面介绍定义自定形状的操作步骤。

步骤 01 新建文件，用钢笔工具在文件中绘制出一个闭合的路径形状，填充红色，如图 3.25 所示。

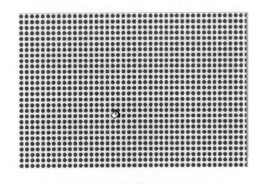

图 3.24                                              图 3.25

步骤 02 执行菜单栏中的"编辑"→"定义自定形状"命令，弹出"形状名称"对话框，输入形状名称，如图 3.26 所示。

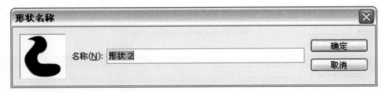

图 3.26

步骤 03 单击"确定"按钮，即将所画的形状定义为自定形状。

步骤 04 选择自定形状工具，单击其选项栏"形状"后的下拉按钮，打开形状库下拉面板，在其最后即可看到新创建的形状，如图 3.27 所示。

**4. 自由变换**

"自由变换"命令可对图像或选区部分进行旋转、缩放、斜切、扭曲和透视等变换操作，也可以对其进行变形。在进行自由变换时，在键盘上按住相应按键，即可进行变换方式的自由切换。

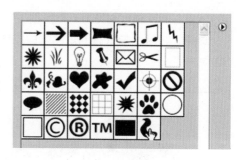

图 3.27

1）工具选项栏

当执行菜单栏中的"编辑"→"自由变换"命令时，工具选项栏中会显示变换选项，通过设置其变换选项可以精确地变换对象，如图 3.28 所示。

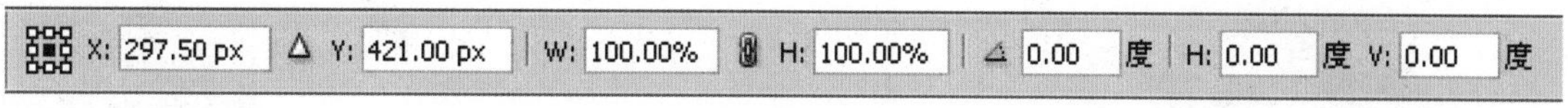

图 3.28

参考点位置 ▦：对对象进行变换操作，所有的变换都围绕一个固定点进行。在默认情况下，这个点位于正在变换的对象的中心，此点即为变换的参考点。若要改变参考点的位置，单击此方块上的其他点，令其变为黑色的填充状态，即可切换其位置。例如，要将参考点移动到定界框的左上角，可单击左上角的方块，如图 3.29 所示。

图 3.29

X（设置参考点的水平位置）：在此文本框中输入数值，可以使对象沿水平方向移动。

Y（设置参考点的垂直位置）：在此文本框中输入数值，可以使对象沿垂直方向移动。

定位按钮 △：单击此按钮，可在当前的位置上使用参考点相关定位。

W（设置水平缩放）：输入数值，可改变对象的宽度。

H（设置垂直缩放）：输入数值，可改变对象的高度。

"保持长宽比"按钮 ⑧：按住此按钮，可对对象进行等比例缩放，也可在拖动参考点时按住键盘的 Shift 键。

△（旋转）：在此文本框内输入旋转角度，可使对象按确定的角度精确旋转。

H（设置水平斜切）/V（设置垂直斜切）：在此输入数值，可对对象进行水平和垂直方向的斜切。

"在自由变换和变形模式之间切换"按钮 ⑨：切换到变形模式，对象上会出现变形网格，编辑网格可对其进行变形操作。

取消变换/进行变换：要应用变换操作，可单击"进行变换"按钮 ✔，或按下键盘的 Enter 键。若要取消变换操作，则单击"取消变换"按钮 ◎，或按下键盘的 Esc 键。

2）自由变换操作

执行菜单栏中的"编辑"→"自由变换"命令，或按快捷键 Ctrl+T，变换的对象上会出现定界框（若图像在背景层上，双击背景层，将其变成普通的图层），如图 3.30 所示。调整定界框的控制点并结合相应的按键即可将对象变形。

缩放：将鼠标指针移至定界框的控制点上，当鼠标指针变成直线双向箭头形，如 ⋮ 时，单击并拖动鼠标可缩放对象，如图 3.31 所示。若拖动鼠标的同时按住 Shift 键，则可进行等比例缩放。

旋转：将鼠标指针移到定界框外，当鼠标指针变成弧线双向箭头形，如 ↻ 时，单击并拖动鼠标即可旋转对象，如图 3.32 所示。若拖动鼠标的同时按住 Shift 键，则进行以 15° 增量的标准角度旋转。

斜切：将鼠标指针移到定界框的控制点上，按住 Shift+Ctrl 键并拖动鼠标，可斜切对象，如图 3.33 所示。

扭曲：将鼠标指针移到定界框的控制点上，按住 Ctrl 键并拖动鼠标可扭曲对象，如图 3.34 所示。

透视：将鼠标指针移到定界框的控制点上，按住 Shift+Ctrl+Alt 键并拖动鼠标可令对象进行透视变换，如图 3.35 所示。

图 3.30

图 3.31

图 3.32

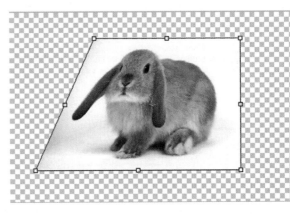

图 3.33

图 3.34

图 3.35

### 5. 首选项

执行菜单栏中的"编辑"→"首选项"命令，可对 Photoshop 软件进行默认设置的更改，使软件设置优化或更符合自己的操作习惯。

首选项里包含了"常规"、"界面"、"文件处理"、"性能"、"光标"等 12 个命令。首选项设置主要可以分为常规设置和性能设置两大类。

1）常规设置

执行菜单栏中的"编辑"→"首选项"→"常规"命令，弹出"首选项"对话框，单击左侧列表中的选项，右侧即可显示相应的面板，进行设置，优化操作环境以提高工作效率。

（1）"常规"项的设置。"常规"项用于软件的字体显示和拾色器类型的设置，如图 3.36 所示。

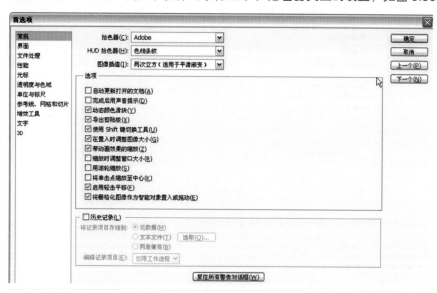

图 3.36

拾色器：在其下拉列表中提供了 Adobe 和 Windows 两种类型，使用默认的即可。

图像插值：设置调整图像大小时所用的方法。

用户界面字体大小：用于设置用户界面字体的显示大小。

选项：在使用软件操作时的各种命令。

历史记录：设置历史记录存储的选项。

（2）"界面"项的设置。"界面"项用于更改菜单、工具箱及通道的显示的设置，如图 3.37 所示。

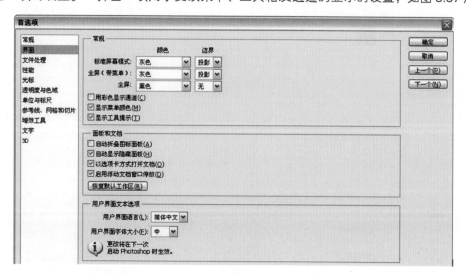

图 3.37

用彩色显示通道：勾选此项，通道将以红、绿、蓝三色显示。

显示菜单颜色：用于设置菜单的背景色。

显示工具提示：设置鼠标指针放在工具图标上时是否显示工具提示。

自动折叠图标面板：用于设置单击应用程序中的其他部分时，是否可以自动折叠图标面板。

(3)"文件处理"项的设置。"文件处理"项用于文件存储选项的修改和设置，如图 3.38 所示。

图 3.38

图像预览：用于设置在保存文件的同时是否保存其缩略图。

文件扩展名：选择文件的扩展名为大写或小写。

文件兼容性选项：可根据自身需要勾选相应项。

近期文件列表包含：用于设置"文件 / 最近打开文件"菜单中显示的文件数量。

(4) "光标"项的设置。"光标"项用于设置光标在图像窗口中的显示状态，如图 3.39 所示。

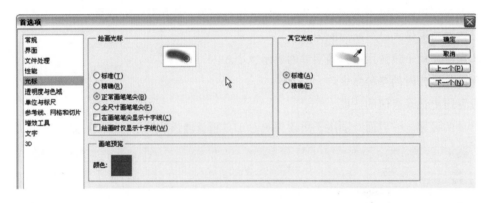

图 3.39

绘画光标：可以在该选项组中设置包括画笔、铅笔、图章、橡皮擦等绘画类工具的光标显示方式。

其他光标：用来设置其他工具的光标显示。

(5) "透明度与色域"项的设置。"透明度与色域"项用来设置图层中的透明和不透明区域的显示效果，如图 3.40 所示。

图 3.40

网格大小：在下拉列表中可以选择透明区域的网格显示大小，选择"无"，透明区域会以白色显示，这样就不能区分填充的白色和透明区域。

网格颜色：在下拉列表中可选择透明区域的网格颜色。

色域警告：用于设置透明区域的颜色和不透明度。

（6）参考线、网格、切片的设置。通过这些设置，在编辑图像时，可将网格、参考线和切片线条的相近颜色区分开，如图 3.41 所示。

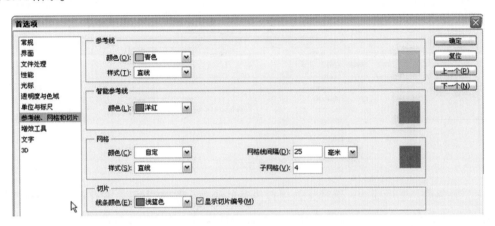

图 3.41

参考线：在"颜色"的下拉列表中可选择参考线的颜色；在"样式"的下拉列表中可选择参考线的样式。

智能参考线：智能参考线可以辅助对齐形状切片或选区等，在"颜色"下拉列表中可选择智能参考线的颜色。

网格：设置网格的颜色、样式、网格线间隔和子网格。

切片：用于设置切片线条的颜色，以及是否显示切片的编号。

（7）文字的设置。Photoshop 在文字设置上的默认设置是隐藏亚洲字体选项，若想查看和编辑日语、朝鲜语等亚洲字体文字内容，可以勾选"显示亚洲字体选项"复选框，如图 3.42 所示。

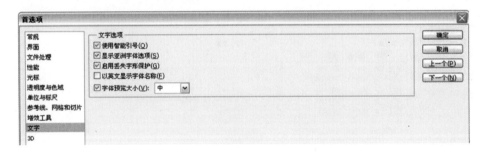

图 3.42

启用丢失字形保护：勾选此项，当字体中丢失某种字体时，丢失的文字将以叹号的形式显示。

以英文显示字体名称：勾选此项，将用英文显示亚洲字体的名称。

字体预览大小：勾选此项，可在其后的下拉列表中选择文字工具选项栏中的"设置字体系列"下拉列表中字体的大小。

2）性能设置

在编辑图像时，Photoshop 操作系统所在安装盘会作为主暂存盘。通过对暂存盘的优化设置，可以加快 Photoshop 的运行速度，设置方法如下。

步骤 01　执行菜单栏中的"编辑"→"首选项"→"性能"命令，打开"性能"面板，如图 3.43 所示。

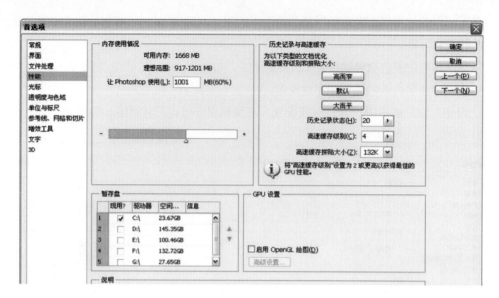

图 3.43

步骤 02  在"暂存盘"选项组中，选择作为虚拟内存的磁盘，其中 C 盘为主存盘，可将所有的磁盘都勾选中，这样当 C 盘的存储空间不足时，其他盘将作为其虚拟内存磁盘，软件的运行速度就会更快，单击"确定"按钮即可，如图 3.44 所示。

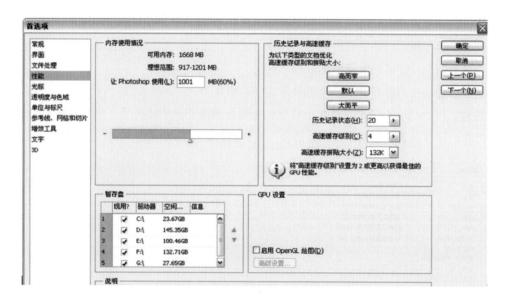

图 3.44

## 3.2  "图层" 菜单命令及应用                                    TWO

图层是 Photoshop 极其重要的组成部分，也是 Photoshop 的核心内容，所有的图像处理都离不开图层的编辑和处理。

Photoshop 图层就如同一张张堆叠起来的透明纸，可以透过图层的透明区域看到下面的图层，如图 3.45 所示。我们可以随时删除、增加图层，或者改变图层的上下顺序，也可以更改图层的不透明度。各个图层中的对象都可以单独处理，而不会影响其他图层中的内容。

Photoshop 中的"图层"菜单包括了各种对图层进行编辑的命令，通过这些命令可以对图层进行基本的编辑或各种增效处理。

### 1. 图层的基础知识

1）图层的分类

图层可分为以下几大类，如图 3.46 所示。

图 3.45

背景图层：新建文档时创建的图层，它始终位于所有图层的最底层，名称为"背景"，且处于锁定状态。双击该图层可解锁，背景图层变成活动的"图层 0"。

当前图层：当前选择的图层。处理图像的编辑操作将在当前图层中进行，其他图层不受影响。

文字图层：使用文字工具输入文字时创建的图层。

形状图层：使用钢笔工具或形状工具绘图时创建的矢量蒙版图层。

视频图层：包含有视频文件帧的图层。

3D 图层：包含有置入的 3D 文件的图层。

图层蒙版图层：添加了图层蒙版的图层，图层蒙版用于遮挡图层中的图像。

剪贴蒙版图层：图层蒙版的一种，可使用一个图层中的图像控制其上方多个图层内容的显示范围。

调整图层：用于调整图像的亮度、色彩平衡等，并不会改变图像的像素值。

链接图层：指保持链接状态的多个图层。

填充图层：通过填充颜色、渐变或图案而创建出的特殊效果图层。

智能对象图层：包含有智能对象的图层。

图层组：用于统一组织和管理图层，以便于查找和编辑图层。

图 3.46

2）"图层"面板介绍

"图层"面板（见图 3.47）用于创建、管理和编辑图层。面板中列出了所有的图层、图层组和图层效果。

锁定按钮 锁定:□/十■：用于锁定当前图层的属性，使其不可编辑。

图层混合模式 正常 ：用来设置当前图层的混合模式，如图 3.47 所示，单击"正常"右侧的下拉按钮 ，打开的下拉列表中有多种不同的混合样式，可选择一种混合模式。

不透明度：调节当前图层的不透明度，使之呈现透明状态，透出下方图层的图像。

填充：用来设置当前图层的填充不透明度，与图层不透明度类似。

"指示图层可见性"按钮 ：显示该标记的图层为可见图层，单击它可以隐藏图层，隐藏的图层不能被编辑。

图 3.47

"链接图层"按钮 🔗：显示该图标的图层为链接在一起的图层，它们可以一起进行变换操作或移动，但每个图层仍然独立存在。

"添加图层样式"按钮 *fx.*：单击该按钮，在打开的菜单中选择相应的效果，可以为当前图层添加丰富的"外发光"、"内发光"、"斜面和浮雕"、"填充"、"描边"等样式。

"添加图层蒙版"按钮 ▣：单击该按钮，可以为当前图层添加图层蒙版，图层蒙版主要用于遮盖图层上的图像。

"创建新的填充或调整图层"按钮 ◕.：单击该按钮，可以在打开的菜单中创建新的填充图层或调整图层。

"创建新组"按钮 ▭：单击该按钮可以创建一个新的图层组。

"创建新图层"按钮 ◩：单击该按钮可以创建一个新的空白图层。

"删除图层"按钮 🗑：单击该按钮可以删除当前图层。

### 2. 图层的基本操作

1）新建图层

单击"图层"面板中的"创建新图层"按钮 ◩，即可在当前图层上方新建一个空白的图层，新建的图层会自动成为当前图层，或按住 Shift+Ctrl+N 键，也可在当前图层上方新建空白的图层，如图 3.48 所示。

还可以用"新建"命令创建图层。若要在创建图层的同时设置图层的名称、颜色、混合模式等属性，可执行菜单栏中的"图层"→"新建"→"图层"命令，或按住 Alt 键的同时，单击"创建新图层"按钮，打开"新建图层"对话框，进行相关设置，如图 3.49 所示。

图 3.48

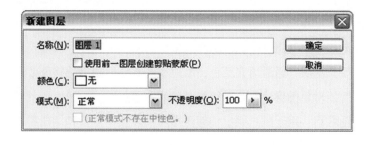

图 3.49

2）复制图层

若要复制当前的图层，在"图层"面板的当前图层上右击，在弹出的快捷菜单中选择"复制图层"命令，或按快捷键 Ctrl+J，如图 3.50 所示。如果在图层中创建了选区，如图 3.51 所示，按快捷键 Ctrl+J，可将选区范围内的图像复制到新的图层中，如图 3.52 所示。

3）删除图层

将需要删除的图层拖动到"图层"面板中的"删除图层"按钮上，或执行菜单栏中的"图层"→"删除"→"图层"命令，即可删除当前图层。但如果整个文件中只包含一个图层，此时图层不能被删除。

4）链接图层

在 Photoshop 中，如果需要同时对几个图层进行编辑或移动，可采用链接图层的方法链接多个图层，这样可以更加快速地对链接的图层组进行各种操作，具体方法如下。

步骤 01　打开随书光盘中的文件"第 3 章 / 链接文件"，如图 3.53（a）所示，按住 Shift 键，在"图层"面板中单击"图层 1"、"图层 2"和文字图层，如图 3.53（b）所示。

图 3.50

图 3.51

图 3.52

(a)

(b)

图 3.53

步骤 02　单击"图层"面板下方的"链接图层"按钮 ，即可链接选中的图层，如图 3.54 所示。

步骤 03　选中链接后的图层，选择工具箱中的移动工具，移动被链接的图层，此时被链接的图层会同时移动，效果如图 3.55（a）所示，"图层"面板显示如图 3.55（b）所示。

图 3.54

(a)

(b)

图 3.55

步骤 04　选中链接的图层，执行菜单栏中的"图层"→"锁定图层"命令，在弹出的"锁定图层"对话框中勾选"位置"项，如图 3.56 所示。

设置完成后单击"确定"按钮，被选中的图层会同时锁定"位置"，如图 3.57 所示。

步骤 05　按住 Shift 键的同时单击链接图层后面的链接图标，图层链接将被禁用，如图 3.58 所示。

步骤 06　按住 Shift 键的同时再次单击图层后面的链接图标，链接即被启用，如图 3.59 所示。

图 3.56　　　　　　　　　　　　　　　　图 3.57

图 3.58　　　　　　　　　　　　　　　　图 3.59

5）合并图层

在 Photoshop 中，图像的复杂效果通常是靠图层叠加起来的，完成图像制作后，"图层"面板中可能会包含大量图层，合并图层可以缩小文件的容量，下面介绍合并图层的各种方法。

（1）合并所有图层。

执行菜单栏中的"图层"→"拼合图像"命令，或单击"图层"面板右上角的 ▾☰ 按钮，在面板菜单中选择"拼合图像"命令，可将所有图层都合并到背景层中。如果存在隐藏的图层，将弹出对话框，询问是否扔掉隐藏的图层，如图 3.60 所示。

图 3.60

(2）向下合并图层。

确保要合并的上下两个图层均为可见图层，在"图层"面板中选择两个位于上方的图层，执行菜单栏中的"图层"→"向下合并"命令（或按快捷键Ctrl+E）。或单击"图层"右上角的 ▼≣ 按钮，在面板菜单中选择"向下合并"命令，即可合并两个相邻的图层。

（3）合并所有可见图层。

确保要合并的图层均为可见图层，执行菜单栏中的"图层"→"合并可见图层"命令（或按快捷键Shift+Ctrl+E），或单击"图层"右上角的 ▼≣ 按钮，在面板菜单中选择"合并可见图层"命令，可将所有可见的图层合并为一个图层。

### 3. 图层样式和图层混合模式

Photoshop 提供了各种更改图层内容的外观效果（如阴影、发光和浮雕等），如图3.61所示。图层的效果与图层的内容相链接。

1）"图层样式"对话框

"图层样式"对话框可以编辑应用于图层的样式，或使用"图层样式"对话框创建新的样式。我们可以用以下效果创建自定的图层样式。

投影：在图层内容的后面添加阴影。

内阴影：在图层内容的边缘内添加阴影，使图层具有凹陷的外观。

外发光和内发光：添加从图层内容的外边缘或内边缘发光的效果。

斜面和浮雕：对图层添加高光与阴影的各种组合，使图层内容具有很强的立体感。

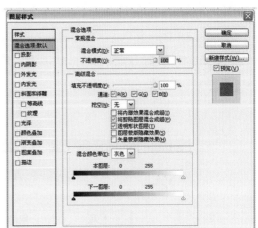

图 3.61

光泽：应用创建有光泽的内部阴影。

颜色叠加、渐变叠加和图案叠加：用颜色、渐变或图案填充图层的内容。

描边：使用颜色、渐变或图案在当前图层上描画对象的轮廓，使对象更为突出。

2）从图层中移去图层样式

若想将当前的图层样式从图层中移除，可按以下方法操作。

在"图层"面板中，选择包含要删除的样式的图层，将"效果"栏拖动至"删除图层"图标上，如图3.62所示。或执行菜单栏中的"图层"→"图层样式"→"清除图层样式"命令。

图 3.62

3）将图层样式转换为图像图层

要自定义或调整图层样式的外观，可以将图层样式转换为普通的图像图层。将图层样式转换为普通的图像图层后，可以通过绘画或应用命令和滤镜工具来增强或改变图层效果。但转换后，不能再继续编辑原图层上的图层样式，操作步骤如下。

步骤 01　在"图层"面板中，选择包含要转换的图层样式的图层，如图 3.63 所示。

图 3.63

步骤 02　执行菜单栏中的"图层"→"图层样式"→"创建图层"命令，出现提示某些"效果"无法与图层一起复制的对话框，如图 3.64（a）所示，单击"确定"按钮，图层样式即转换为普通的图像图层，如图 3.64（b）所示。

（a）　　　　　　　　　　　　　　　　　（b）

图 3.64

4）图层混合模式

混合模式是 Photoshop 中应用十分广泛的一种模式，很多绘图类工具、填充类工具及图章工具中均有使用，使用原理都基本相同。

图层混合模式用于控制图层间的图像混合效果，在设置混合模式的同时结合不透明度的调节，效果会更为理想。

单击"图层"面板中图层混合模式下拉按钮，打开含有 25 种混合模式的下拉列表。图 3.65 所示为几种不同混合模式的应用效果。

**4. 调整图层和填充图层**

调整图层可将颜色和色调调整的效果应用于图像，但不会更改图层中图像的像素值。

可以通过执行菜单栏中的"图层"→"新建调整图层"→"色阶"命令或"图层"→"新建调整图层"→"曲线"命令来调整图层的色彩对比度，而不是直接在图层上执行菜单栏中的"图像"→"调整"→"色阶"或"图像"→"编辑"→"曲线"命令进行调整，如图 3.66 所示。

颜色和色调的调整会存储在调整图层中并应用于该图层下面的所有图层。我们可以通过一次调整得到多个图层的效果的调节，而不是单独的对某一个图层进行调整。调整图层可以随时进行更改或恢复原始图像等操作，如图 3.67 所示。

填充图层可以用颜色、渐变或图案填充图层。与调整图层不同，填充图层不影响它下面的图层，也就是说填充的内容仅限定在填充图层，如图 3.68 所示。

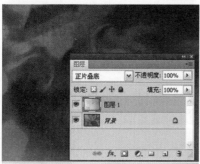
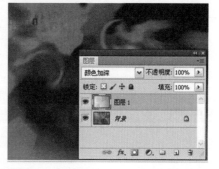

图 3.65

图 3.66　　　　　　　　　图 3.67　　　　　　　　　图 3.68

1）创建调整图层

调整图层和填充图层的不透明度和混合模式选项与普通的图像图层相同。我们可以就像处理普通图层一样，对其进行重新排列、删除、隐藏和复制等编辑。

下面介绍创建调整图层的操作步骤。

步骤 01　打开随书光盘中的文件"第 3 章 / 图层文件"，在"图层"面板中单击"创建新的填充或调整图层"按钮 ⊘.，然后选择调整图层类型，如图 3.69 所示。

步骤 02　若要将调整图层的效果限制为应用于特定的图像图层，而不是所有图层，需先按住 Ctrl 键同时选中这些图像图层，如图 3.70 所示。然后执行菜单栏中的"图层"→"新建"→"从图层建立组"

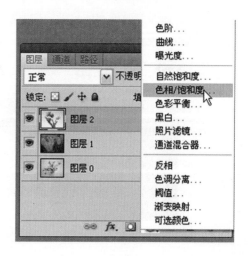

图 3.69

命令，弹出"从图层新建组"对话框，在对话框中设置名称，然后再将"模式"从"穿透"更改为"正常"模式，单击"确定"按钮，如图 3.71 所示。将调整图层放置在该图层组的上方，如图 3.72 所示。

图 3.70　　　　　　　　　　　图 3.71　　　　　　　　　　　图 3.72

2）创建填充图层

打开素材图片，在"图层"面板中单击"创建新的填充或调整图层"按钮 ●.，然后选择填充图层类型，或执行菜单栏中的"图层"→"新建填充图层"命令，然后选择一个选项（纯色、渐变、图案），如图 3.73（a）所示。在弹出的"新建图层"对话框中命名图层，设置图层选项，然后单击"确定"按钮，如图 3.73（b）所示。

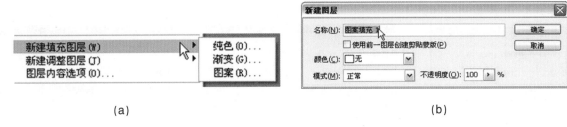

(a)　　　　　　　　　　　　　　　　　　　　(b)

图 3.73

选择"纯色"选项：用当前工具箱中的前景色填充调整图层，若想更改填充色，可在拾色器中选择其他填充颜色，如图 3.74 所示。

选择"渐变"选项：单击"创建新的填充或调整图层"按钮，选择"渐变"命令，弹出"渐变填充"对话框，单击"渐变"后的颜色条，显示"渐变编辑器"对话框，编辑渐变颜色；"样式"用于指定渐变的形状；"角度"指定应用渐变时使用的角度；"缩放"用来更改渐变的大小；"反向"用来翻转渐变的方向；"仿色"通过对渐变应用仿色减小带宽如图 3.75 所示。

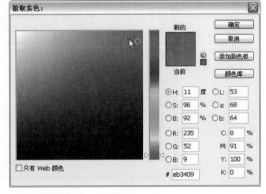

图 3.74　　　　　　　　　　　　　　　　　　図 3.75

选择"图案"选项：单击"创建新的填充或调整图层"按钮，选择"图案"命令，弹出"图案填充"对话框，单击图案右侧的下拉按钮，从打开的下拉面板中选择一种图案。单击"比例"，并输入值或拖动滑块。单击"贴紧原点"按钮以使图案的原点与文档的原点相同。如果希望图案在图层移动时随图层一起移动，就要勾选 "与图层链接"项，如图 3.76 所示。

### 5. 图层蒙版和剪贴蒙版

蒙版是制作合成图像的一项重要增效工具，使用图层蒙版 可以显示或隐藏图层上的部分图像。通过编辑图层蒙版，可以使该图层中的图像与其他图层产生优美的融合效果，如图 3.77 所示。

图 3.76

图 3.77

1）图层蒙版的原理

图层蒙版的实质是使用一张具有 256 色阶的灰度图对图像进行屏蔽，灰度图中的黑色区域将图层上的图像隐藏为透明不见的区域，白色区域则会保留图像。因为蒙版是 256 色阶的灰度图，所以能够创造细腻逼真的混合效果。

黑色区域：可以隐藏图层图像对应的区域，从而透出背景或底层的图像。

白色区域：完全显示当前图层图像对应的区域。

灰色区域：是当前图层清晰图像和透明隐藏部分的过渡，使图像在此区域中产生渐隐的效果。

2）添加图层蒙版

添加图层蒙版有两种方法。

（1）直接添加图层蒙版。

选择要添加图层蒙版的图层，单击"图层"面板底部的"添加图层蒙版"按钮 ，可为图层添加一个默认填充色为白色的图层蒙版，即可显示图层中所有的图像，如图 3.78 所示。

若在执行上述操作时，按住 Alt 键不放，可为图层添加一个默认填充色为黑色的图层蒙版，即可完全隐藏图层中所有的图像，如图 3.79 所示。

图 3.78

图 3.79

（2）根据选区添加图层蒙版。

若当前图层图像中存在选区（见图 3.80（a）），选择要添加图层蒙版的图层，单击图 3.80（b）所示的"图层"面板底部的"添加图层蒙版"按钮 ▣，即可依据当前的选区创建图像蒙版，效果如图 3.80（c）所示。

(a)

(b)

(c)

图 3.80

3）编辑图层蒙版

下面通过一个实例来具体介绍图层蒙版的编辑。

步骤 01　打开随书光盘中的文件"第 3 章 / 编辑图层蒙版"，在"图层"面板中选中"背景层"，选择多边形套索工具，创建出酒杯的形状选区，如图 3.81 所示。

步骤 02　在如图 3.82（a）所示的"图层"面板中选择"图层 1"，单击"图层"面板底部的"添加图层蒙版"按钮 ▣，效果如图 3.82（b）所示。

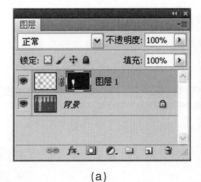

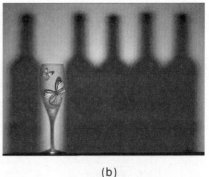

(a)

(b)

图 3.81　　　　　　　　　　　　　　　　　　　　　　　　图 3.82

步骤 03　选中画笔工具，在其工具选项栏中设置一个柔和的笔尖，将前景色切换为黑色，然后在蝴蝶边缘涂抹，蝴蝶边缘即变柔和，效果如图 3.83 所示。

步骤 04　将前景色切换为白色，用画笔工具在杯口蝴蝶消失的位置涂抹，如图 3.84（a）所示，先前被蒙版隐藏的蝴蝶即可出现，"图层"面板中图层 1 的蒙版发生如图 3.84（b）所示的改变。

图 3.83

(a)

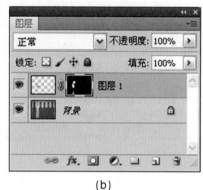

(b)

图 3.84

步骤 05　如图 3.85（a）所示，在"图层"面板中将图层 1 的混合模式由"正常"切换为"明度"，令蝴蝶的颜色与画面更加协调，如图 3.85（b）所示。

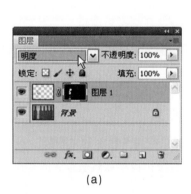

(a)

(b)

图 3.85

4）删除图层蒙版

要在删除图层蒙版的同时保留图层蒙版的应用效果，单击"蒙版"面板底部的"应用蒙版"按钮 ，图层 1 的蒙版被删除，如图 3.86（a）所示，但蒙版的效果仍然存在，如图 3.86（b）所示。

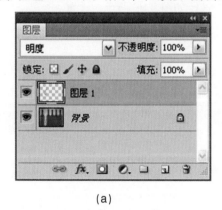

(a)

(b)

图 3.86

若单击"蒙版"面板底部的"删除蒙版"按钮 ，则图层蒙版的效果在图层 1 上被彻底清除。

5）剪贴蒙版介绍

剪贴蒙版可以使用一个图层的形状限定另一个图层的显示区域，即让另一图层的图像显示在剪贴蒙版的范围内，如图 3.87 所示。

图 3.87

6）创建剪贴蒙版

创建剪贴蒙版有以下三种方法。

（1）在"图层"面板中选择要创建剪贴蒙版的图层，执行菜单栏中的"图层"→"创建剪贴蒙版"命令。

（2）选择处于上方的图层，按 Ctrl+Alt+G 组合键执行创建剪贴蒙版的操作。

（3）按住 Alt 键的同时，将鼠标指针放在"图层"面板中两个图层的分隔线上，当鼠标指针变成●形状后，单击鼠标左键即可。

7）取消剪贴蒙版

创建剪贴蒙版也有以下三种方法。

（1）在"图层"面板中选择剪贴蒙版中的任意一个图层，执行菜单栏中的"图层"→"释放剪贴蒙版"命令。

（2）选择剪贴蒙版中的任意一个图层，按 Ctrl+Alt+G 组合键执行释放剪贴蒙版的操作。

（3）按住 Alt 键的同时，将鼠标指针放在"图层"面板中分隔两个编组图层的分隔线上，鼠标指针变成●形状后，单击鼠标左键即可。

### 6. 实例

下面是结合滤镜和图层打造炫彩光效的实例。

步骤 01　按快捷键 Ctrl+N 新建文件，在"新建"对话框中进行如图 3.88 所示的设置。

步骤 02　单击"确定"按钮，选择工具箱中的渐变工具，将前景色和背景色切换回默认的黑白色，按住 Shift 键在画面中从下往上拖动出一个垂直的黑白渐变区域，如图 3.89 所示。

步骤 03　执行菜单栏中的"滤镜"→"扭曲"→"波浪"命令，在弹出的"波浪"对话框中进行如图 3.90 所示的设置，图像变化效果如图 3.90 中图像缩览图所示，单击"确定"按钮。

步骤 04　执行菜单栏中的"滤镜"→"扭曲"→"极坐标"命令，在弹出的"极坐标"对话框中进行如图 3.91 所示的设置，图像变化效果如图 3.91 中图像缩览图所示，单击"确定"按钮。

步骤 05　执行菜单栏中的"滤镜"→"扭曲"→"旋转扭

图 3.88

曲"命令，在弹出的"旋转扭曲"对话框中进行如图 3.92 所示的设置，单击"确定"按钮，图像变化效果如图
3.92 中图像缩览图所示。

图 3.89

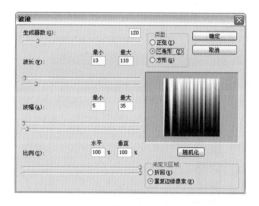

图 3.90

图 3.91

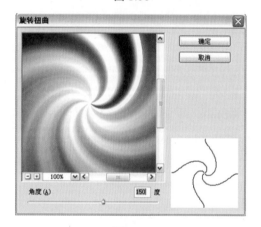

图 3.92

步骤 06　执行菜单栏中的"图像"→"调整"→"色相/饱和度"命令，在弹出的"色相/饱和度"对话框
中进行如图 3.93（a）所示的设置，单击"确定"按钮，效果如图 3.93（b）所示。

(a)

(b)

图 3.93

步骤 07　在"图层"面板中，按 Ctrl+J 键复制当前背景层，得到复制的图层 1，如图 3.94（a）所示，对图
层 1 执行菜单栏中的"编辑"→"变换"→"水平翻转"命令，效果如图 3.94（b）所示。

　　步骤 08　继续对图层 1 执行"图像"→"调整"→"色相/饱和度"命令，在弹出的"色相/饱和度"对话框中进行如图 3.95（a）所示的设置，单击"确定"按钮，效果如图 3.95（b）所示。

　　步骤 09　在"图层"面板中，将图层 1 的混合模式由"正常"切换为"变亮"，如图 3.96（a）所示。效果如图 3.96（b）所示。

(a)

(b)

图 3.94

(a)

(b)

图 3.95

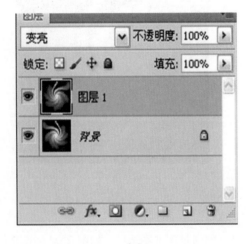

(a)

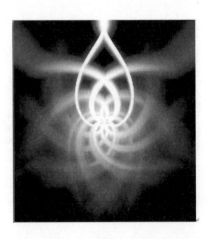

(b)

图 3.96

　　步骤 10　执行菜单栏中的"图层"→"向下合并"命令或按住 Ctrl+E 键，将图层 1 合并到背景层中，如图 3.97 所示。

　　步骤 11　执行菜单栏中的"滤镜"→"模糊"→"径向模糊"命令，在弹出的"径向模糊"对话框中进行如图 3.98（a）所示的设置，单击"确定"按钮，得到如图 3.98（b）所示的效果。

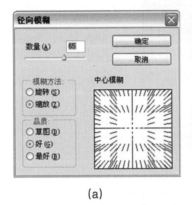

（a）

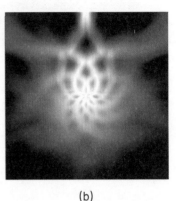

（b）

图 3.97

图 3.98

　　步骤 12　选中文字工具，确定前景色为白色，在画面上输入文字并进行调整，效果如图 3.99 所示。

　　步骤 13　在"图层"面板中，将文字层的混合模式由"正常"切换为"线性加深"，如图 3.100 所示，使其在画面上看不见。

图 3.99

图 3.100

　　步骤 14　双击文字层，调出"图层样式"面板，在左边的选项框里勾选"外发光"项，并进行如图 3.101（a）所示的设置，单击"确定"按钮，效果如图 3.101（b）所示。

（a）

（b）

图 3.101

步骤 15 按 Ctrl+J 键复制文字层，如图 3.102(a)所示。

步骤 16 在复制的文字层上右击，在弹出的快捷菜单中选择"栅格化文字"命令，将文字层转换为普通的图像层，如图 3.102(b)所示。

(a)

(b)

图 3.102

步骤 17 在栅格化后的 Shine 副本图层上再次按 Ctrl+J 键复制图层，得到 Shine 副本 2 图层，如图 3.103(a)所示。在 Shine 副本 2 图层上用移动工具将文字稍微移开，如图 3.103（b）所示。

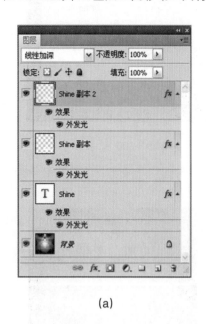

(a)

(b)

图 3.103

步骤 18 对 Shine 副本 2 图层执行菜单栏中的"滤镜"→"模糊"→"动感模糊"命令，进行如图 3.104（a）所示的设置，单击"确定"按钮，得到效果如图 3.104（b）所示。

步骤 19 执行菜单栏中的"图层"→"合并可见图层"命令或按快捷键 Shift+Ctrl+E，将所有图层都合并到背景层，如图 3.105 所示。

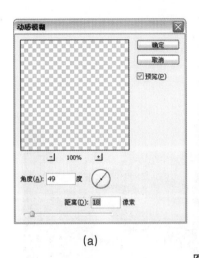

(a)

(b)

图 3.104

图 3.105

## 3.3 "图像" 菜单命令及应用 THREE

"图像" 菜单里主要包含对图像进行色彩调节、大小更改等处理的命令。下面以实例来讲解其主要操作功能。

### 1. 色阶调整

利用 "色阶" 命令，能够调节图像的阴影、中间调和高光的级别，从而可以矫正图像的色彩平衡和颜色范围，经常用来对照片的曝光不足或曝光过度现象进行调整。

步骤 01 打开随书光盘中的文件 "第 3 章 / 色阶、曲线调整"，如图 3.106（a）所示，执行菜单栏中的 "图像" → "调整" → "色阶" 命令，弹出 "色阶" 对话框，如图 3.106（b）所示。

(a)

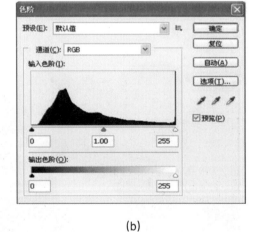

(b)

图 3.106

输入色阶：包括三个小三角图标，黑色的小三角用于设置图像的暗色调，灰色的小三角用于设置中间调，白色的小三角用于设置亮色调。分别对其进行拖动，可调节画面的对比度。

输出色阶：利用此选项，可使图像中较暗的部分变亮，较亮的部分变暗。

"自动" 按钮：单击此按钮，可自动调整图像的对比度。

"选项" 按钮：单击此按钮，可打开 "自动颜色校正选项" 对话框，可以在其中完成对图像整体色调调整的控制。

取样按钮：包括了 "在图像中取样以设置黑场" 按钮、"在图像中取样以设置灰场" 按钮和 "在图像中取样以设置白场"按钮。选择不同的按钮,能够将取样的像素设置为画面中相应区域的像素值。

"预览"复选框:勾选此复选框,将会显示进行色调调整图像的预览图。

步骤 02 在"色阶"对话框中设置相应参数(见图 3.107 (a)),单击"确定"按钮,即得到如图 3.107(b)所示调整完毕的图像效果。

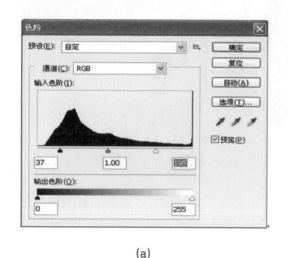

(a)                                         (b)

图 3.107

### 2. 曲线调整

"曲线"命令相比"色阶"工具,可以更细致地调节画面的色调和明暗关系,在"曲线"对话框中可以在图像的整个色彩范围内创建 14 个调节点,同时也可以对图像中的个别颜色通道进行单独的调整。

步骤 01 打开随书光盘中的文件"第 3 章 / 色阶、曲线调整",如图 3.108 (a) 所示,执行菜单栏中的"图像"→"调整"→"曲线"命令,弹出"曲线"对话框,如图 3.108 (b) 所示。

(a)                                         (b)

图 3.108

"编辑点以修改曲线"按钮 :通过在曲线上添加、删除、移动控制点,调整画面的色调关系。曲线的形状越丰富,画面的对比关系就越强。

"通过绘制来修改曲线"按钮 :单击此按钮,可在表格中绘制出各种曲线,绘制完成后再单击"曲线"按钮,曲线就可以变平滑。

"平滑"按钮:必须在使用铅笔绘制曲线后才能运用,它可使曲线变得更加圆滑。

"自动"按钮:单击此按钮,会自动对图像的对比关系进行调整,达到的效果一般不会很明显。

步骤 02　在弹出的"曲线"对话框中，单击"编辑点以修改曲线"按钮，创建一个控制点，并向上拖动，如图 3.109 所示。

步骤 03　单击"确定"按钮，调整后的效果如图 3.110 所示。

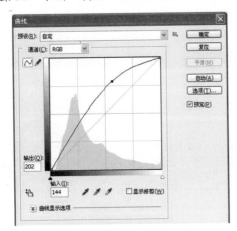

图 3.109

图 3.110

步骤 04　执行菜单栏中的"图像"→"调整"→"曲线"命令，在弹出的"曲线"对话框的"通道"下拉列表中选择"蓝"通道，按下"编辑点以修改曲线"按钮，然后拖动曲线上的控制点，如图 3.111 所示。

步骤 05　设置完成后，再在"通道"下拉列表中选择"红"通道，并设置"输入"和"输出"的值，如图 3.112 所示。

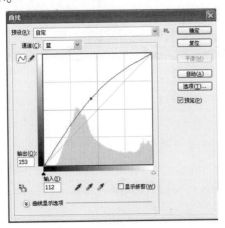

图 3.111

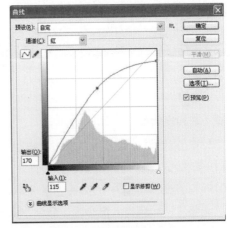

图 3.112

设置完成后单击"确定"按钮，图像颜色变得更加强烈饱和，并带有明显的色彩倾向，如图 3.113 所示。

图 3.113

### 3. 图片的亮度、对比度调整

亮度、对比度调整主要是对图像的色调范围进行整体的调整，主要适用于输出标准不高的小图像，调节过度会导致图像细节的丢失，操作方法及原理与"色阶"、"曲线"的相似。图 3.114 所示为提高亮度的前后变化，图 3.115 所示为提高对比度的前后变化。

(a) 亮度低 　　　　　　　　　　　　　　　(b) 亮度高

图 3.114

(a) 对比度低 　　　　　　　　　　　　　　(b) 对比度高

图 3.115

### 4. 色相 / 饱和度调整

利用"色相 / 饱和度"命令可调整图像中单个色系的色相、饱和度及亮度，也可同时调整图像中的所有颜色的色相、饱和度及亮度。

步骤 01　打开随书光盘中的文件"第 3 章 / 色相、饱和度调整"，如图 3.116（a）所示，执行菜单栏中的"图像"→"调整"→"色相 / 饱和度"命令，弹出"色相 / 饱和度"对话框，如图 3.116（b）所示。

(a) 　　　　　　　　　　　　　　　　　(b)

图 3.116

预设：默认的"全图"是指对图像中所有的颜色进行调节，单击其右边的下拉按钮，在其下拉列表中可选择其他颜色，即单独对该颜色进行色相、饱和度及明度的调节。

色相：拖动滑块，可调节图像的色相。

饱和度：拖动滑块，可调节画面的饱和度。向左拖动滑块降低饱和度，向右拖动滑块则提高饱和度。

明度：拖动滑块，可调节画面亮度。

取样按钮：包括"吸管工具"按钮 ✐ 、"添加到取样"按钮 ✐ 、"从取样中减去"按钮 ✐ 。在"全图"的下拉列表中选择单独的一种颜色时，取样按钮才能使用。

"着色"复选框：勾选此项，可将图像变为单色。

"预览"复选框：勾选此项，可预览图像更改的效果。

颜色条：上方的颜色条用于显示调整前的颜色样本，下方的颜色条显示调整后的颜色。

步骤 02　在"色相/饱和度"对话框中，进行如图 3.117（a）所示的设置，单击"确定"按钮，图像整体的感觉发生变化，如图 3.117（b）所示。

(a)　　　　　　　　　　　　　　　　　　　　　　　(b)

图 3.117

步骤 03　按快捷键 Ctrl+U，再次执行菜单栏中的"图像"→"调整"→"色相/饱和度"命令，勾选对话框中的"着色"复选项，并进行如图 3.118 所示的设置，单击"确定"按钮，图像会变为单色图像。

(a) 去色前　　　　　　　　　(b) 去色后

图 3.118　　　　　　　　　　　　　　　　　　　图 3.119

### 5. 图片去色、匹配颜色

1）对彩色图片去色

若想将彩色图片变成黑白图像，可按快捷键 Shift+Ctrl+U，进行去色处理，或执行菜单栏中的"图像"→"调整"→"去色"命令，如图 3.119 所示。

2）匹配图像颜色

"匹配颜色"命令只适用于 RGB 颜色模式的图像，利用此命令可以将一张图像中的颜色与另一张图像中的颜色相匹配，或将一个图层中的颜色与其他图层中的颜色相匹配。下面介绍为图像匹配颜色的具体操作步骤。

步骤 01　打开随书光盘中的文件"第 3 章 / 匹配图像颜色 / 匹配颜色 1、匹配颜色 2"，分别如图 3.120 和图 3.121 所示。

图 3.120

图 3.121

步骤 02　在工具箱中选择移动工具，将图 3.121 所示图片拖到图 3.120 所示图片中去，在"图层"面板中得到图层 1，如图 3.122 所示。

步骤 03　选择图层 1，执行菜单栏中的"图像"→"调整"→"匹配颜色"命令，弹出"匹配颜色"对话框，在"源"的下拉列表中选择背景层上的图片的文件名，在"图层"的下拉列表中选择"背景"，如图 3.123 所示。

图 3.122

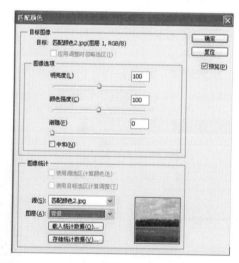

图 3.123

"目标"选项：显示当前操作图像的文件信息。

"应用调整时忽略选区"复选框：图像中如果创建了选区，勾选此项可以忽略图像中的选区，并调整整个图像。

明亮度：拖动其下方的滑块可以调节图像的亮度，值越大亮度越高，值越小则亮度越低。

颜色强度：拖动其下方的滑块可以调节图像颜色的饱和度。

渐隐：拖动其下方的滑块可以调节图像的颜色与其原色的近似程度，值越大，得到的图像越接近颜色匹配前的效果。

"中和"复选框：勾选此项，可以自动去除图像中粗糙的色痕。

"使用源选区计算颜色"复选框：若图像中建立了选区，并要用选区中的颜色来调整匹配的颜色，即需勾选此项。

"使用目标选区计算调整"复选框：如果要使用目标图像选区中的颜色进行匹配，则需要勾选此项，若取消勾选，则会忽略目标图像中的选区，并使用整个目标图像中的颜色。

源：在其下拉列表中可选择目标图像中的颜色匹配所需要的源图像。

图层：在其下拉列表中可选择要匹配颜色的源图像中的图层，若要匹配所有图层的颜色，则在下拉列表中选择"合并的"选项。

载入统计数据：可从外部载入存储过的颜色匹配数据。

存储统计数据：将当前编辑的匹配数据进行存储，以便以后需要时载入。

步骤 04　单击"确定"按钮，图层 1 的颜色即替换为背景图层的颜色，如图 3.124 所示。

图 3.124

### 6. 替换色彩调整

利用"替换颜色"命令可以创建临时性的蒙版，通过此蒙版可以选择图像中特定的颜色，然后替换所选中的颜色。我们可以通过拾色器来选择颜色，也可以设置选区的色相、饱和度及亮度。通过以下实例来详细介绍替换颜色的用法。

步骤 01　打开随书光盘中的文件"第 3 章 / 替换颜色"，如图 3.125（a）所示，执行菜单栏中的"图像"→"调整"→"替换颜色"命令，弹出"替换颜色"对话框，如图 3.125（b）所示。

(a)　　　　　　　　　　　　　　　　　(b)

图 3.125

取样按钮：单击"吸管工具"按钮 ✐、"添加到取样"按钮 ✐ 或"从取样中减去"按钮 ✐，在预览图像中单击选择蒙版的显示范围。

"选区"单选项：选择"选区"可以在预览框中显示蒙版，黑色代表被蒙版区域，白色代表未蒙版区域，灰色代表部分蒙版区域。

"图像"单选项：单击此按钮可在预览框中显示图像。

"替换"选项组：可以通过调整下方的"色相"、"饱和度"和"明度"来改变选区内的颜色。

步骤02　单击"添加到取样"按钮，吸取左下角树木树叶部分颜色，将"颜色容差"的值设为最大值，然后设置"色相"、"饱和度"和"明度"的值，如图3.126所示。

步骤03　单击"确定"按钮，图像中暖色系的颜色都被替换，如图3.127所示。

图 3.126

图 3.127

### 7.　文件旋转的调整

执行菜单栏中的"图像"→"图像旋转"命令，可旋转当前的图像。在"图像旋转"命令中包含了标准角度和方向的选择（如"180度"、"90度（顺时针）"、"90度（逆时针）"）。我们可以选择"任意角度"命令，自行输入旋转角度。如果文件位于普通的图像层，图像旋转后将透出透明的背景，如果文件位于背景层，翻转后的图像背景将以工具箱中的背景色填充，如图3.128所示。

（a）翻转前　　　　　　　（b）"旋转画布"对话框设置　　　　　　（c）翻转后

图 3.128

"水平翻转画布"、"垂直翻转画布"则是将整个画布文档进行翻转，而不是仅翻转文件中的图像，如图3.129所示。

(a) 原图像　　　　　　　(b) 原图像执行"水平翻转　　　　(c) 原图像执行"垂直翻转画布"
　　　　　　　　　　　　　　画布"命令后　　　　　　　　　　命令后

图 3.129

## 3.4 "选择" 菜单命令及应用　　　　　　　　　　FOUR

### 1. 选区的基本操作

1) 图像的全选和反选

执行菜单栏中的"选择"→"全部"命令，或按快捷键 Ctrl+A，即可选择图像中的所有像素，如图 3.130 所示。创建选区后，执行菜单栏中的"选择"→"反向"命令，或按快捷键 Shift+Ctrl+I，即可将选择的范围反转，选择之前未选中的区域，如图 3.131 所示。

　　　　　　　　　　　　　　(a) 执行"反向"命令前　　　　(b) 执行"反向"命令后

图 3.130　　　　　　　　　　　　　图 3.131

2) 取消选择和重新选择

执行菜单栏中的"选择"→"取消选择"命令，或按快捷键 Ctrl+D，即可取消图像中的选区，如果是使用选框工具、套索工具或魔棒工具创建的选区，在选区以外的图像上单击也可取消选区。

执行菜单栏中的"选择"→"重新选择"命令，可重新选择最近一次创建的选区。

### 2. 选区的修改

1) 扩展选区

执行菜单栏中的"选择"→"修改"→"扩展"命令，在弹出的"扩展选区"对话框中设置像素值，即可向外扩展选区的范围，如图 3.132 所示。

2) 收缩选区

执行菜单栏中的"选择"→"修改"→"收缩"命令，在弹出的"收缩选区"对话框中设置像素值，即可向内收缩选区的范围，如图 3.133 所示。

3) 边界化选区

执行菜单栏中的"选择"→"修改"→"边界"命令，在弹出的"边界选区"对话框中设置像素值，可选择选区边界部分的像素，形成边界选区，如图 3.134 所示。当要选择的是图像区域的边界或外框时，此命令能够达到满意的效果。

图 3.132

图 3.133

图 3.134

4）平滑选区

执行菜单栏中的"选择"→"修改"→"平滑"命令，在弹出的"平滑选区"对话框中设置像素值，可将当前选区的边界变得更平滑，如图 3.135 所示，对话框中的"取样半径"的像素值越大，选区的边缘越平滑。

5）选区的羽化

执行菜单栏中的"选择"→"修改"→"羽化"命令，在弹出的"羽化选区"对话框中设置"羽化半径"的像素值，可将当前选区羽化，如图 3.136 所示。此命令与选框工具、套索工具及魔棒工具中的工具选项栏里的"羽化"选项原理相同。

图 3.135

图 3.136

### 3. 图层选区

1）选择相似图层

若文件当中包含多个图层，选择创建选区的图层，执行菜单栏中的"选择"→"相似图层"命令，可将当前图层中的选区运用到与其相似的图层中，"图层"面板中相似的图层都会被选中，如图 3.137 所示。

2）选择所有图层和取消选择图层

若文件当中包含多个图层，选择创建选区的图层，执行菜单栏中的"选择"→"所有图层"命令，可将当前图层中的选区运用到文件的所有的图层中，如图 3.138 所示。若想取消图层选区的选中，执行菜单栏中的"选择"→"取消选择图层"命令即可。

图 3.137            图 3.138

### 4. 图像色彩范围选择

执行菜单栏中的"选择"→"色彩范围"命令可以在整个图像或选区内选择一种特定颜色，根据所选的颜色与图像中相似颜色的数据差值在色彩面板的容差值范围之内，来确定选区范围。下面介绍图像色彩范围选择的具体操作步骤。

步骤 01　打开随书光盘中的文件"第 3 章 / 图像色彩范围选择",如图 3.139（a）所示,执行菜单栏中的"选择"→"色彩范围"命令,打开"色彩范围"对话框,用吸管工具吸取图像中草莓红色部分,如图 3.139（b）所示。

（a）　　　　　　　　　　　　（b）

图 3.139

选择：在此项的下拉列表中可选择颜色,作为选择时的取样依据。

选择范围 / 图像：用于设置对话框的预览框中显示的内容。若选择"选择范围"单选项,预览区域显示为黑白图像,白色部分代表被选择的区域,黑色部分代表不被选择的区域,灰色部分代表被部分选择的图像；如果选择"图像"选项,预览框里则显示彩色的原图像。

选区预览：用于设置选区在图像中的预览方式。选择"无"时,表示图像窗口中不会显示选区；选择"灰度"时,表示以选区在灰度通道中的外观显示；选择"黑色杂边"时,表示用与黑色背景对比的颜色显示选区；选择"白色杂边"时,表示用与白色背景对比的颜色显示选区；选择"快速蒙版"时,表示使用当前的快速蒙版显示选区。

取样工具：使用吸管工具 ✐ 在图像中或对话框预览框中单击可对颜色进行取样,使用添加到取样工具 ✐,可以将单击点的颜色添加到取样颜色,使用从取样中减去工具 ✐,可以将单击点的颜色从取样颜色中减去。

载入：单击此按钮,可以载入色彩范围并设置文件。

存储：单击此按钮,可以存储当前的色彩范围设置。

反相：选择此选项,可以将选区反相。

步骤 02　在对话框中进行如图 3.140（a）所示的设置,单击"确定"按钮,即可在图像中创建所设置的选区,如图 3.140（b）所示。

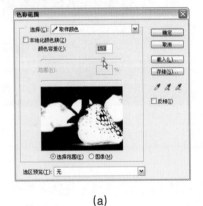

（a）　　　　　　　　　　　　（b）

图 3.140

## 3.5 "滤镜" 菜单命令及应用 　　　　　　　　　　　　　　　　　FIVE

　　滤镜是 Photoshop 中最具吸引力的增效工具，可以将普通的图片变成具备视觉冲击力的艺术作品，通过使用滤镜可以对画面进行各种丰富的特效化处理。

　　Photoshop 中的所有滤镜都在 "滤镜" 菜单中，如图 3.141 所示。

　　其中 "滤镜库"、"镜头校正"、"液化" 和 "消失点" 都属于特殊滤镜，被单独归纳在一起。而其他滤镜则依据其主要功能放置在不同类别的滤镜组中。如果安装了增效的外挂滤镜，则会显示在 "滤镜" 菜单的最底部。

　　下面将通过实例介绍一些常用滤镜的功能。在后面的综合实例中，会通过多种滤镜的综合使用制作出特效。

### 1. 滤镜库介绍

　　滤镜库中集成了许多特殊效果滤镜的预览，在滤镜库中可应用多个滤镜、打开或关闭滤镜的效果，以及更改应用滤镜的顺序。滤镜运用的越多，实现的效果就越复杂。

　　在滤镜库中，选择一种滤镜效果，如果对滤镜处理的预览效果感到满意，则可以单击 "确定" 按钮将它应用于图像，但滤镜库并不提供 "滤镜" 菜单中的所有滤镜，如图 3.142 所示。

图 3.141

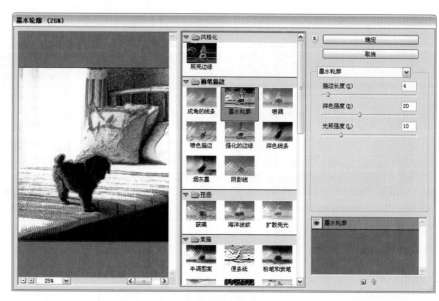

图 3.142

　　预览区：显示用当前滤镜处理后的效果，单击预览图底部的 □ 和 ⊞ 按钮可以调整图片的缩放比例。

　　参数调整区：在该区域中，可以设置和调节与当前滤镜命令相对应的参数。

　　命令选择区：在该区域中，显示了集成在滤镜库中的滤镜。单击各滤镜组的名称即可将其展开。

　　滤镜层：在滤镜层里可添加多个滤镜，每个滤镜都处在一个单独的滤镜层中，并按照由上至下的顺序依次应用滤镜效果。

　　如果要查看图像添加某个滤镜层前的效果，可单击该滤镜层左侧的图标 👁，将其隐藏。对于不需要的滤镜层，可单击将其选中，然后单击 "删除效果图层" 按钮 🗑 即可，或直接将滤镜层拖动到 "删除效果图层" 按钮 🗑 上。

　　下面介绍用滤镜库制作抽丝效果照片的操作步骤。

　　步骤 01　打开随书光盘中的文件 "第 3 章 / 抽丝效果"，如图 3.143 所示。

　　步骤 02　将工具箱中的前景色设置为蓝色（R=43，G=9，B=250），背景色设置为白色。执行菜单栏中的 "滤镜" → "素描" → "半调图案" 命令，打开 "半调图案" 对话框，将 "图案类型" 设置为 "直线"，"大小"

设置为 1，"对比度"设置为 10，如图 3.144 所示，效果见对话框预览区缩览图，单击"确定"按钮。

　　步骤 03　执行菜单栏中的"滤镜"→"镜头校正"命令，打开"镜头校正"对话框，单击"自定"选项，将"晕影"选项组中的"数量"滑块拖动到最左侧，让其变暗，"中点"滑块微微向左移,如图 3.145 所示。

　　步骤 04　执行菜单栏中的"编辑"→"渐隐镜头校正"命令，在打开的"渐隐"对话框中将"模式"改为"强光"，如图 3.146 所示。

图 3.143　　　　　　　　　　　　　　　　　　　图 3.144

图 3.145　　　　　　　　　　　　　　　　　　　图 3.146

### 2. 液化滤镜处理

利用"液化"命令可对图像进行液体化的变形处理，使其达到所需要的效果。

下面通过实例介绍"液化"滤镜的功能效果。

　　步骤 01　打开随书光盘中的文件"第 3 章 / 自由变换"，如图 3.147 所示。执行菜单栏中的"滤镜"→"液化"命令，弹出"液化"对话框。

　　步骤 02　在"液化"对话框中利用相应工具在预览图中进行操作，在对话框右侧的选项区中设置工具的相应参数和选项，如图 3.148（a）所示，单击"确定"按钮，效果如图 3.148（b）所示。

（a）　　　　　　　　　　　　　　　　　　　　　　　（b）

图 3.147　　　　　　　　　　　　　　　　　　　图 3.148

"液化"对话框工具箱工具详解如下。

向前变形工具 ：在预览图像上拖动，可令图像随着涂抹操作的进行而变形。

重建工具 ：可以部分或完全恢复先前扭曲的预览图像。

顺时针旋转扭曲工具 ：使图像所操作区域顺时针旋转。

褶皱工具 ：使图像向操作中心点收缩，从而产生挤压效果。

膨胀工具 ：使图像以操作中心向外扩张，从而产生膨胀效果。

左推工具 ：在图像上直接拖移，像素自动向左移动。

镜像工具 ：将预览图的像素复制到操作区域。

湍流工具 ：使图像产生平滑流动的感觉。

冻结蒙版工具 ：用此工具拖动的区域将被冻结保护，其他工具操作不会对此区域产生影响。

解冻蒙版工具 ：用于解除冻结蒙版工具所冻结的区域，使其还原到可编辑状态。

抓手工具 ：用于拖动图像，操作方法与工具箱中的抓手工具相同。

缩放工具 ：用于缩放图像，操作方法与工具箱中的缩放工具相同。

"液化"对话框选项区域重建选项详解如下。

模式：可在下拉列表中选择重建模式。

重建：从"模式"的下拉列表中选择"恢复"选项，单击此按钮，可将图像中所有未冻结的区域还原到用液化工具变形前的状态。

恢复全部：将整个预览图像恢复到使用液化工具变形前的状态。

"液化"对话框选项区域蒙版选项详解如下。

无：单击此选项可取消对图像的蒙版设置。

全部蒙住：单击此按钮可对全部图像创建屏蔽的蒙版。

全部反相：将蒙版区域与未添加蒙版的区域反相。

### 3. 杂色滤镜处理

执行菜单栏中的"滤镜"→"杂色"命令，可以为图像添加或移除杂色，适用于为图像添加糙点、划痕等效果，如图 3.149 所示；或去除图像中的杂色和划痕等操作。

1）添加杂色

执行菜单栏中的"滤镜"→"杂色"→"添加杂色"命令，可将随机的杂色像素添加到图像中，如图 3.150（a）所示，勾选"添加杂色"对话框中的"单色"选项，可将彩色的糙点转换为单色，效果如图 3.150（b）所示。

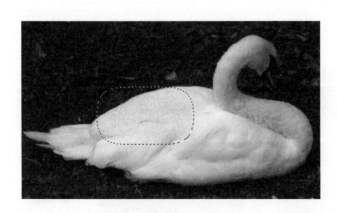

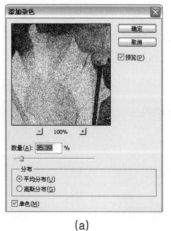

（a）　　　　　　　　　　（b）

图 3.149　　　　　　　　　　　　　　　　　　　　图 3.150

2）蒙尘与划痕

执行菜单栏中的"滤镜"→"杂色"→"蒙尘与划痕"命令，如图 3.151（a）所示，在"蒙尘与划痕"对话框中设置参数，可以搜索图像中的杂点和划痕，将其融入画面中，如图 3.151（b）所示。

(a)

(b)

图 3.151

3）减少杂色

减少杂色功能用于去除数码相机因设置不当造成的拍摄的照片中出现的红绿色杂点。执行菜单栏中的"滤镜"→"杂色"→"减少杂色"命令，弹出"减少杂色"对话框，在对话框中设置此命令的两种模式，选择"基本"选项，只能进行最简单的操作，效果不会很明显；选择"高级"选项，可通过调节界面中的参数，设定效果。

**4. 渲染滤镜处理**

渲染滤镜组中包含五种滤镜，如图 3.152 所示，可以用于在图像中创建出云彩、折射图案和模拟光的反射效果等，是一组在光源效果表现上很出彩的滤镜工具。

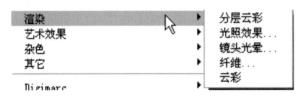

图 3.152

1）云彩和分层云彩

"云彩"滤镜可以通过当前的前景色与背景色，设置出混合的柔和云彩效果，如图 3.153 所示。如果按住 Alt 键的同时，执行菜单栏中的"滤镜"→"云彩"命令，可生成色彩更鲜明的云彩图案，如图 3.154 所示。

"分层云彩"命令可将云彩的数据与图像中现有的像素相混合，其效果更为复杂。对图像连续执行"分层云彩"命令，可创建出与大理石纹理相似的肌理感，如图 3.155 所示。

图 3.153　　　　　　　　图 3.154　　　　　　　　图 3.155

2）光照效果

"光照效果"是个强大的模拟灯光效果的滤镜，可以在 RGB 模式的图像上创建多种光照效果，还可以使用灰度文件的纹理，产生出凹凸的立体感。

（1）使用预设的光源。

打开随书光盘中的文件"第3章／光照效果"，执行菜单栏中的"滤镜"→"渲染"→"光照效果"命令，在"光照效果"对话框中的"样式"选项下拉列表中可选择一种预设的灯光样式。几种预设的灯光效果渲染的图像如图 3.156 所示。

(a) 柔化点光效果　　　　　　　　　(b) 柔化全光源效果　　　　　　　　(c) 平行光效果

图 3.156

（2）自定义使用的光源。

在"光照类型"选项下拉列表中选择一种光源后，可在对话框左侧预览区调整其位置和照射范围，或添加多个光源。

调整全光源：如图 3.157 所示，"全光源"是在图像的正上方照射的光源，拖动中央的圆圈即可以移动光源，拖动圆圈边缘的手柄，可以增强或减弱光照效果，如图 3.158 所示。

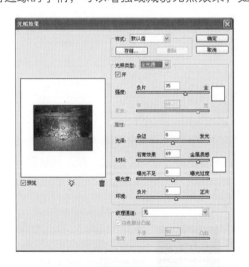
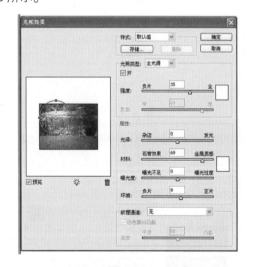

图 3.157　　　　　　　　　　　　　　　　　图 3.158

调整平行光：平行光是从远处照射的线形光，拖动中央的圆圈可以移动光源，如图 3.159 所示。拖动线段末端的手柄可以调整光照的角度，也可以增大或减小光照强度。如图 3.160 所示。

调整点光："点光"是投射成一束椭圆形的光片，拖动中央的圆圈可以移动光源，如图 3.161 所示。拖动手柄可以增大光照强度或旋转光源，如图 3.162 所示。

添加新光源：将对话框底部的光源图标  拖动到预览图上，即可添加光源，如图 3.163 所示。最多可以添加

16 个光源。

　　删除光源：单击光源中央的圆圈，将其拖动到预览区右下角的 🗑 图标上，即可删除光源，如图 3.164 所示。

　　设置纹理通道：可以先在"通道"面板中创建 Alpha 通道（见图 3.165(a)），再在"光照效果"对话框下方的

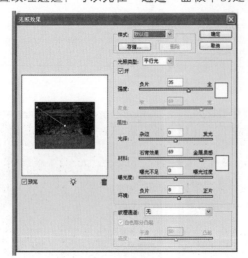

图 3.159

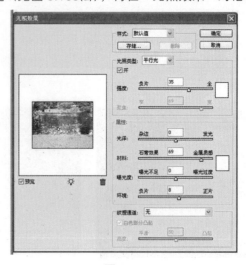

图 3.160

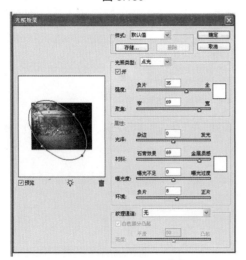

图 3.161

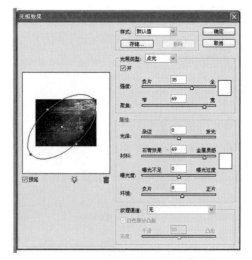

图 3.162

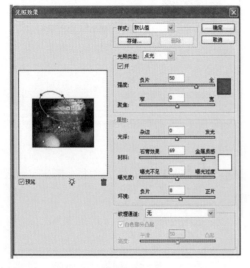

图 3.163

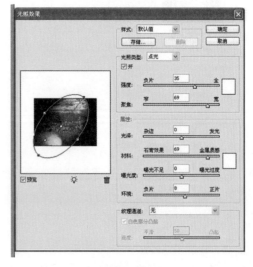

图 3.164

"纹理通道"的下拉列表中选择所建的 Alpha 通道（见图 3.165(b)），即可在图像中照出 Alpha 通道中形状的立体感，如图 3.165（c）所示。

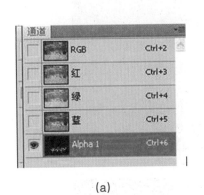

(a)

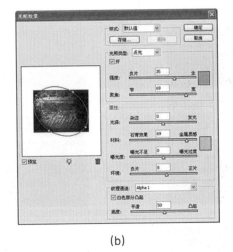

(b)

(c)

图 3.165

3）镜头光晕

"镜头光晕"滤镜是模拟光照射到摄像机上所产生的折射效果。打开随书光盘中的文件"第 3 章 / 花朵"，如图 3.166（a）所示，执行"滤镜"→"渲染"→"镜头光晕"命令，调出"镜头光晕"对话框，如图 3.166（b）所示。

(a)

(b)

图 3.166

不同的镜头类型可以创建出不同的效果，具体区别如图 3.167 所示。

4）纤维

可以使用"纤维"滤镜，再选择前景色和背最色随机创建粗糙的纤维效果。下面用实例介绍操作步骤。

步骤 01　打开随书光盘中的文件"第 3 章 / 纤维"，用魔棒工具单击背景创建选区，如图 3.168 所示。

步骤 02　将前景色设置为 R=121、G=156、B=80，背景色设置为 R=60、G=107、B=102。执行菜单栏中的"滤镜"→"渲染"→"纤维"命令，调出"纤维"对话框，如图 3.169 所示。

差异：用来设置颜色的变化，该值较小时会产生较长的条纹的纤维效果，该值较大时会产生较短的条纹且密度空间更大的纤维效果。

强度：用来控制纤维的外观，该值较小时会产生疏松的纤维效果，该值较大时会产生短而密集的纤维效果。

随机化：单击该按钮可随机生成新的纤维效果。

步骤 03　单击"确定"按钮，按快捷键 Ctrl+D 取消选择，得到如图 3.170 所示效果。

### 5. 艺术效果滤镜应用

"艺术效果"滤镜组包含了多种滤镜，如图 3.171 所示，可以模仿自然或传统的介质效果，使图像看起来更贴近传统绘画的艺术效果。

(a) "50—300 毫米变焦" 镜头类型

(b) "35 毫米聚焦" 镜头类型

(c) "105 毫米聚焦" 镜头类型

(d) "电影镜头" 镜头类型

图 3.167

图 3.168

图 3.169

图 3.170

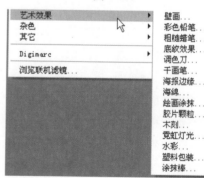

图 3.171

图 3.172 所示为相同的图片运用了不同的滤镜后呈现出的不同艺术效果。

(a) 壁画效果

(b) 彩色铅笔效果

(c) 粗糙蜡笔效果

(d) 调色刀效果

(e) 海报边缘效果

(f) 霓虹灯光效果

图 3.172

## 3.6　通道命令及应用

SIX

通道是 Photoshop 的核心概念之一，它与图像的内容，色彩和选区息息相关。通过通道可以对图像进行细致的调色、抠图、混合等创作。

Photoshop 提供了三种类型的通道：颜色通道、专色通道、Alpha 通道。

### 1.　"通道"面板介绍

"通道"面板用于创建、编辑和保存通道。当打开一张图片时，Photoshop 会自动创建该图片的颜色信息通道，如图 3.173 所示。

复合通道：面板中最上方的通道是复合通道，复合通道是下方各通道的整合。在复合通道下可以同时预览和编辑所有的颜色通道。

颜色通道：用于记录图像颜色信息的通道，具体类别由图像的颜色模式决定，对图像的颜色信息进行分类保存。

图 3.173

专色通道：用于保存印刷图像时专色油墨的通道。

Alpha 通道：用来制作和保存选区的通道。

"将通道作为选区载入"按钮 ⊙：单击该按钮，可以将通道内的选区载入到图像图层中编辑。

"将选区存储为通道"按钮 ▣：单击该按钮，可以将图像图层中创建的选区保存到通道中编辑。

"创建新通道"按钮 ⬓：单击该按钮，可在当前通道下方创建新的 Alpha 通道。

"删除当前通道"按钮 🗑：单击该按钮，可删除所选的通道。

### 2. 颜色通道

颜色通道包括了一个复合通道和几个单独的颜色通道，用于保存图像的颜色信息，例如，RGB 颜色模式图像中的"红色通道"就保存了图像中所有的红色信息，"绿色通道"保存了图像中所有的绿色信息，"蓝色通道"保存了画面中所有的蓝色信息。

在默认状态下，"通道"面板中显示的是复合通道，即显示所有颜色的通道，如图 3.174（a）所示，如果只选择其中的一个通道，则仅显示此通道的颜色信息，画面呈黑白状态，如图 3.174（b）所示。

如图 3.175（a）所示，单击通道左侧的 👁 图标，可隐藏此通道，再次单击该处则可恢复显示。如果要查看两种颜色的混合效果，可只显示这两种颜色通道，如图 3.175（b）所示。

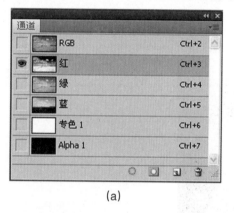 

（a）          （b）

图 3.174

（a）          （b）

图 3.175

下面介绍利用颜色通道进行调色处理的操作步骤。

步骤 01　打开随书光盘中的文件"第 3 章/通道颜色处理"，如图 3.176（a）所示，在"通道"面板中单击红色通道将其选中，如图 3.176（b）所示。

步骤 02　执行菜单栏中的"图像"→"调整"→"色阶"命令，或按快捷键 Ctrl+L 调出"色阶"对话框，并进行如图 3.177（a）所示的设置，单击"确定"按钮，图片颜色发生变化，如图 3.177（b）所示。

步骤 03　选中绿色通道，执行菜单栏中的"图像"→"调整"→"曲线"命令，并进行如图 3.178（a）所示的设置，单击"确定"按钮，效果如图 3.178（b）所示。

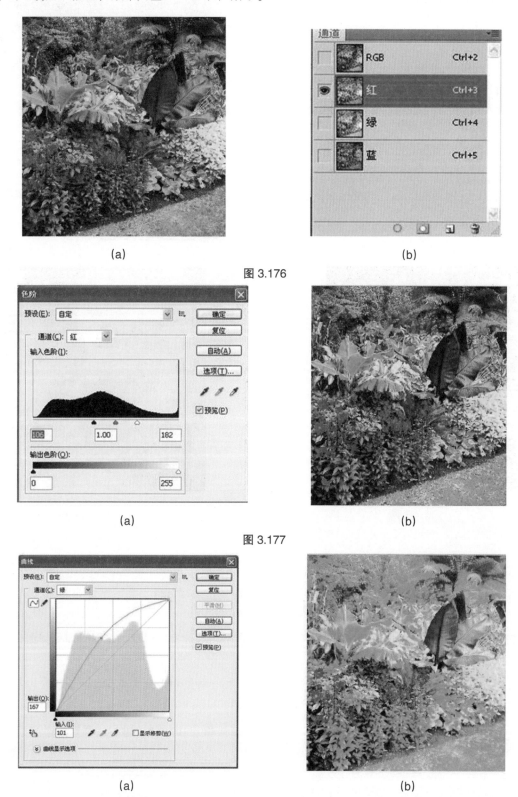

（a）　　　　　　　　　　　　　　　　（b）

图 3.176

（a）　　　　　　　　　　　　　　　　（b）

图 3.177

（a）　　　　　　　　　　　　　　　　（b）

图 3.178

步骤 04　选中蓝色通道，执行菜单栏中的"图像"→"调整"→"曲线"命令，并进行如图 3.179（a）所示的设置，单击"确定"按钮，效果如图 3.179（b）所示。

步骤 05　图像调色即完成，对比颜色调整前后的效果如图 3.180 所示。

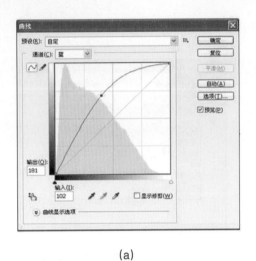

(a)

(b)

图 3.179

(a) 颜色调整前

(b) 颜色调整后

图 3.180

### 3. 专色通道

专色是印刷技术中的一种特殊混合油墨，用来替代或补充黄、品红、青、黑印刷色的油墨，以便产生更好的印刷效果。专色在印刷中需要制作专门的专色印版。

如果要将专色用于图像中的特定区域，则可在"通道"面板中创建专色通道，输出时即可得到专色版。

1）创建专色通道

创建专色通道的方法有两种：一种是创建新的专色通道；另一种是将现有的 Alpha 通道转换为专色通道。

创建专色通道的方法如下。

步骤 01  打开随书光盘中的文件"第 3 章 / 专色通道"，如图 3.181（a）所示，选择工具箱中的魔棒工具，在其选项栏中将"容差"值设置为 10，取消"连续"项的勾选，如图 3.181（b）所示，在黑色的背景上单击，选择背景。

步骤 02  执行"通道"面板菜单中的"新建专色通道"命令，打开"新建专色通道"对话框，将"密度"设置为 100%，单击"颜色"右侧的颜色块，如图 3.182 所示。打开"选择专色"对话框，单击"颜色库"按钮，切换到"颜色库"，选择一种专色。

步骤 03  单击"确定"按钮返回到"新建专色通道"对话框（注：不要修改默认名称，否则可能无法打印此文件），单击"确定"按钮，创建专色通道，如图 3.183 所示。

步骤 04　用选择的专色填充选中的图像，此效果即会用专色印刷出来，如图 3.184 所示。

(a)

(b)

图 3.181

图 3.182

图 3.183

图 3.184

2）编辑专色通道

可以通过在专色通道中绘制专色区域、设置专色通道选项、合并专色通道等操作来编辑专色通道。

（1）绘制专色区域。在"通道"面板中选择需要修改的专色通道，然后使用绘画或编辑类工具在图像中涂抹即可，如图 3.185 所示。用黑色绘画时可添加更多不透明度为 100% 的专色；用灰色绘画可添加不透明度较低的专色；用白色绘画的区域表示无专色。绘画或编辑类工具选项中的"不透明度"选项代表用于打印输出时实际油墨的浓度。

（2）设置专色通道选项。在"通道"面板中的专色通道名称后双击鼠标，会弹出"专色通道选项"对话框，在此对话框中可以为专色通道更改颜色、密度和名称，如图 3.186 所示。

图 3.185

图 3.186

（3）合并专色通道。如图 3.187（a）所示，在"通道"面板中单击面板右上角的扩展按钮，在扩展菜单中选择"合并专色通道"命令，可将专色通道转换为颜色通道，并与之合并，如图 3.187（b）所示。

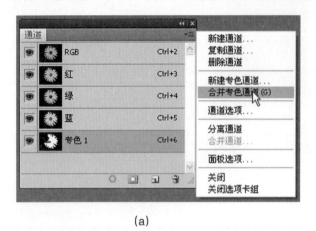

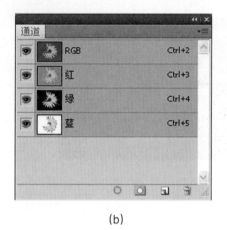

（a）　　　　　　　　　　　　　　　　　　　　　　　（b）

图 3.187

#### 4. Alpha 通道

Alpha 通道最主要的功能是保存并编辑选区，是使用频率非常高的通道类型。由于在 Alpha 通道中可以使用从黑到白的 256 级灰度色，所以能够创建非常细致的选择范围。

1）创建 Alpha 通道

如果要以默认的参数创建 Alpha 通道，单击"通道"面板下方的"创建新通道"按钮即可。如图 3.188 所示。

若想以自定义的方式建立 Alpha 通道，按住 Alt 键，单击"通道"面板中的"创建新通道"按钮，或选择"通道"面板扩展菜单中的"新建通道"命令，可弹出"新建通道"对话框，如图 3.189 所示。

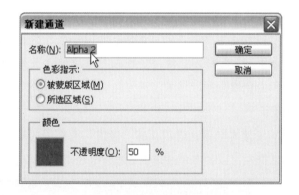

图 3.188　　　　　　　　　　　　　　　　图 3.189

名称：默认名称为"Alpha"，可自行更改。

被蒙版区域：选中此项，新建的通道显示为黑色，在黑色的通道中绘制白色，白色即成为被选择的区域。

所选区域：选中此项，新建的通道显示为白色，在白色的通道中绘制黑色，黑色区域为对应的选区。

颜色：单击颜色块，在弹出的"选择通道颜色"对话框中可重新选择快速蒙版的颜色。

不透明度：用于设置快速蒙版的不透明度。

2）Alpha 通道与选区的互相转换

（1）将 Alpha 通道作为选区载入。如图 3.190（a）所示，在新建的 Alpha 通道中单击"通道"面板下方的"将通道作为选区载入"按钮 ⬤，或按住 Ctrl 键单击通道，即可将 Alpha 通道中的选区载入到图层中，如图 3.190（b）所示。

(a)

(b)

图 3.190

（2）将选区保存到 Alpha 通道中。如果在图层中创建了选区，单击"通道"面板下方的"将选区存储为通道"按钮，可将选区保存到 Alpha 通道中，如图 3.191 所示。

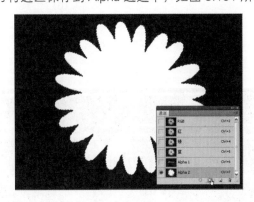

图 3.191

3）编辑 Alpha 通道

在 Alpha 通道中可以运用画笔工具、形状工具、渐变工具等进行操作，创造出复杂细致的选区，也可以通过在通道中填充黑白色，执行菜单栏中的"图像"→"调整"中的相关命令，获得选区。

5. 实例

下面介绍利用通道抠图的操作步骤。

步骤 01　打开随书光盘中的文件"第 3 章 / 通道抠图"，如图 3.192（a）所示，切换到其"通道"面板，并选择图片效果看起来最清晰强烈的红色通道，如图 3.192（b）所示。

步骤 02　在红色通道上右击，选择"复制通道"命令，调出"复制通道"对话框，单击"确定"按钮，出现

(a)　　　　　　　　　　　　　　　　　　(b)

图 3.192

"红 副本"通道，如图 3.193 所示。

(a)　　　　　　　　　　　　　　　　　(b)

图 3.193

步骤 03　在"红 副本"通道上，执行菜单栏中的"图像"→"调整"→"色阶"命令，如图 3.194（a）所示，在"色阶"对话框中加强画面的对比度，单击"确定"按钮，得到如图 3.194（b）所示效果。

步骤 04　执行菜单栏中的"图像"→"调整"→"曲线"命令加强图片对比，在"曲线"对话框中进行如图 3.195（a）所示的设置，效果如图 3.195（b）所示。

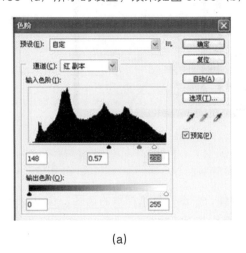 

(a)　　　　　　　　　　　　　　　　　(b)

图 3.194

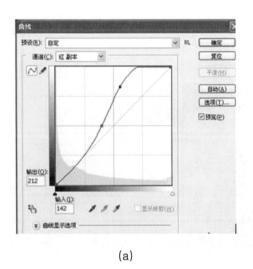 

(a)　　　　　　　　　　　　　　　　　(b)

图 3.195

步骤 05　按住键盘中的 Ctrl 键，然后在"通道"面板中单击"红 副本"通道中的缩略图，将通道转换成选区，如图 3.196 所示。

步骤 06　单击"通道"面板中的 RGB 主通道，然后单击"图层"面板中的背景图层，最后按 Ctrl+J 快捷键，创建图层 1，将选中的植物与背景分离，实现了通道抠图，如图 3.197 所示。

图 3.196

图 3.197

步骤 07　设置前景色的颜色，如图 3.198 所示；新建图层 2，然后按 Alt+Delete 快捷键，用前景色填充图层 2，最后将图层 2 移到图层 1 的下方，如图 3.199 所示。

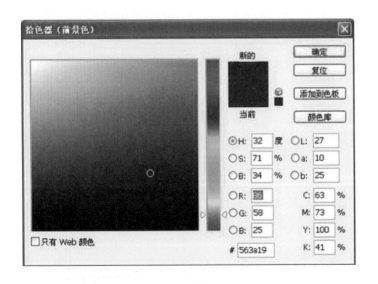

图 3.198

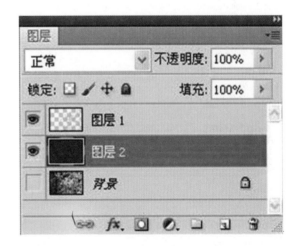

图 3.199

步骤 08　选择图层 1，执行菜单栏中的"图像"→"调整"→"曲线"命令加强图片中植物和背景的对比，效果如图 3.200 所示。

图 3.200

# 第4章
## 平面广告、标志设计综合实例......

**P**hotoshop
**CS**

**Y**ishu Sheji

**J**iaocheng

## 4.1  标志设计制作 **ONE**

### 1. 实例介绍

图 4.1 所示作品主要运用钢笔工具绘制图像路径，再对路径进行编辑、填充、设置图层样式。下面主要学习利用路径进行不规则图形绘制的基本方法。

图 4.1

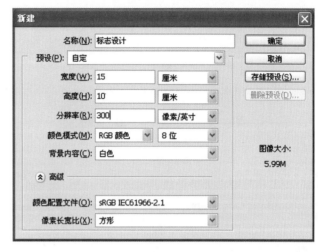

图 4.2

### 2. 制作步骤

（1）运行 Photoshop CS3，执行菜单栏中的"文件"→"新建"命令，或按快捷键 Ctrl+N，在弹出的"新建"对话框中设置文件大小和属性，如图 4.2 所示，设置完成后单击"确定"按钮。

（2）在工具箱中选择钢笔工具，其选项栏的设置如图 4.3 所示，在背景图层上单击，建立第一个锚点后，再在画面下方单击，生成新锚点，按住 Ctrl 键不放，拖动鼠标调节第二个锚点的位置，然后拖动鼠标调整曲线弧度，效果如图 4.4 所示。

（3）按住 Alt 键的同时单击，生成第三个锚点，删除其左边的调节手柄，继续使用钢笔工具，创建的标志的基本形状如图 4.5 所示。最后单击画面上部的起始锚点，闭合曲线。最终效果如图 4.6 所示。

图 4.3

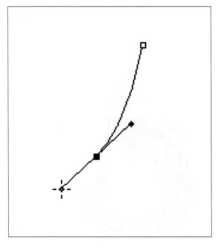

图 4.4

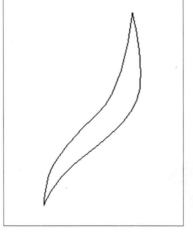

图 4.5

图 4.6

（4）单击"路径"面板上的"将路径作为选区载入"按钮 ⊙，如图 4.7 所示。新建图层 1，如图 4.8（a）所示，填充黑色，效果如图 4.8（b）所示。

（a）　　　　　　　　（b）

图 4.7　　　　　　　　　　　图 4.8

（5）在工具箱中设置前景色 R=252、G=235、B=44，背景色 R=226、G=43、B=38。单击"图层"面板上的"添加图层样式"按钮 fx.，选择"渐变叠加"命令，参数设置如图 4.9 所示。效果如图 4.10 所示。

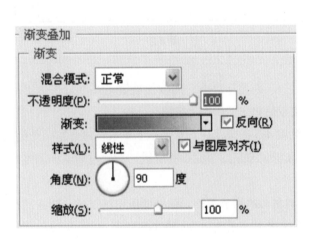

图 4.9　　　　　　　　　　　图 4.10

（6）新建图层 2，使用钢笔工具画出如图 4.11 所示形状，按 D 键恢复默认前景色、背景色，单击"路径"面板上的"将路径作为选区载入"按钮 ⊙，按 Ctrl+Delete 键填充背景色白色，效果如图 4.12 所示。

图 4.11　　　　　　　　　　　图 4.12

　　(7) 单击"图层"面板上的"添加图层蒙版"按钮  为图层2添加蒙版。选择毛笔工具 ✐，其属性栏设置如图4.13所示。使用毛笔工具涂抹边缘，绘制出高光的朦胧边缘。效果如图4.14所示。

图 4.13

图 4.14

　　(8) 同第(6)、(7)步的操作，依次绘出各部位的高光，如图4.15 (a) 所示。效果如图4.15 (b) 所示。

　　(9) 新建图层3，使用钢笔工具绘出如图4.16右下侧黄色渐变图形，将路径转为选区，在工具箱中设置前景色R=252、G=235、B=44，背景色R=226、G=43、B=38。选择渐变工具 ，填充线性渐变。效果如图4.16所示。

(a)　　　　　　　　　　　(b)

图 4.15

图 4.16

　　(10) 使用钢笔工具绘出如图4.17 (a) 黑灰色线所示的路径形状，将路径转为选区，在工具箱中设置前景色R=175、G=26、B=8，按Alt+Delete填充前景色。效果如图4.17所示。

　　(11) 选择魔术棒工具 ✐ 同时按住Shift键单击图层1的黑色，调出标志基本形的选区，选择移动工具 ✐，使用键盘上的向上、向左键移动选区，效果如图4.18 (a) 所示。在图层1下面新建图层4，填充前景色。效果如图4.18 (b) 所示。

　　(12) 单击背景层，设置前景色为白色，背景色R=4、G=49、B=124。单击渐变填充工具，填充线性渐变。

效果如图 4.19 所示。

（13）在背景层上新建图层 5，调出标志基本形的选区，执行菜单栏中的"选择"→"修改"→"羽化"命令，羽化半径值为 30，填充白色，标志设计完成。最终效果如图 4.1 所示。

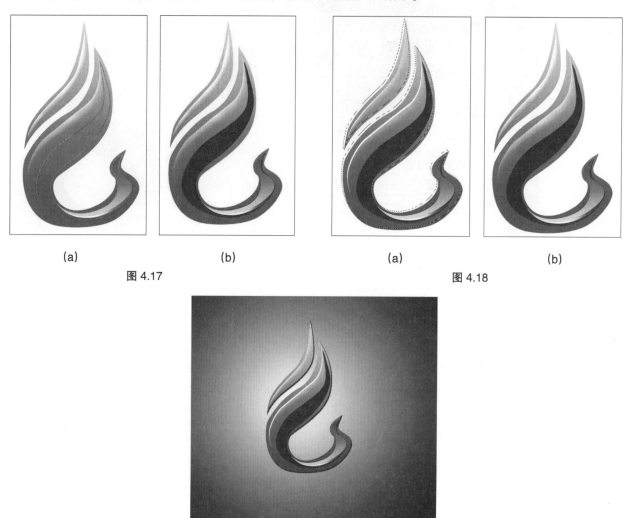

（a）　　　　　　　　（b）　　　　　　　　（a）　　　　　　　　（b）

图 4.17　　　　　　　　　　　　　　　　图 4.18

图 4.19

### 3. 案例小结

本案例主要学习了制作标志的基本方法，主要使用钢笔工具绘制出基本图形并结合图层样式添加色彩渐变效果，最后运用图层蒙版技术调整高光朦胧边缘，完成标志的制作。

## 4.2　POP 广告设计制作　　　　　　　　　　　TWO

### 1. 实例介绍

图 4.20 所示作品是香水广告。在制作技巧上，主要通过复制操作快速重叠图像，通过运用蒙版快速调整图像的显示效果，最后使用路径加强画面效果。

### 2. 制作步骤

（1）新建文件。运行 Photoshop CS3，执行菜单栏中的"文件"→"新建"命令，或按下快捷键 Ctrl+N，在弹出的"新建"对话框中设置文件大小和属性，如图 4.21 所示，设置完成后单击"确定"按钮。

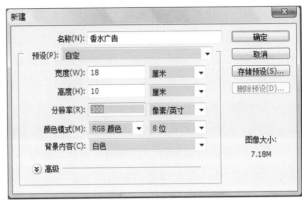

图 4.20

图 4.21

（2）用渐变工具填充背景图层。在工具箱中设置前景色 R=109、G=6、B=6，背景色 R=218、G=37、B=28。选择渐变工具 ，在其选项栏中单击"径向渐变"按钮，再单击渐变条，在弹出的"渐变编辑器"对话框（见图 4.22(a)）中选择"前景色到背景色渐变"的渐变类型，并在渐变条上向右拖动色标，进行渐变设置，设置完成后单击"确定"按钮。在背景图层上由左向右拖动鼠标，填充渐变，效果如图 4.22（b）所示。

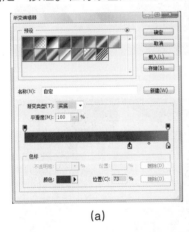

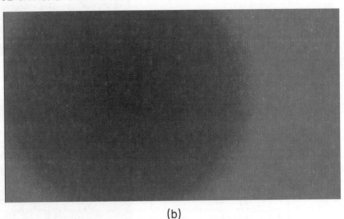

（a）

（b）

图 4.22

（3）导入素材文件。执行菜单栏中的"文件"→"打开"命令，打开随书光盘中的文件"第 4 章 / 第 2 节 / 人物"，将图像拖入新建的文件中，并放置在合适的位置，生成图层 1，效果如图 4.23 所示。

图 4.23

（4）创建蒙版。如图 4.24（a）所示，将图层 1 不透明度设置为 81%，单击"图层"面板中的"添加图层蒙版"按钮 ，为图层 1 添加图层蒙版，按 D 键，还原预设前景色和背景色。选择画笔工具 ，设置画笔不透明度为 30%，流量为 30% 在蒙版上涂抹黑色，效果如图 4.24（b）所示。

　　（5）导入素材文件并复制图层。执行菜单栏中的"文件"→"打开"命令，打开随书光盘中的文件"第 4 章 /第 2 节 / 花"，将图像拖入新建的文件中，并放置在合适的位置，生成图层 2，设置图层 2 填充为 60%，不透明度为 70%。拖动图层 2 到"图层"面板下方的"创建新图层" 按钮 ⬛ 上，放开鼠标，得到"图层 2 副本"图层，运用同样的办法，得到"图层 2 副本 2"、"图层 2 副本 3"图层，如图 4.25（a）所示。分别设置图层不透明度为：80%；60%；30%。选择移动工具 ➤⬛，将各图层的花朵放置在合适位置。效果如图 4.25（b）所示。

　　（6）创建曲线调整图层。单击"图层"面板下方的"创建新的填充或调整图层" 按钮 ⬤，在弹出的菜单中选取"曲线"命令，在弹出的对话框中进行设置，如图 4.26（a）所示，效果如图 4.26（b）所示。

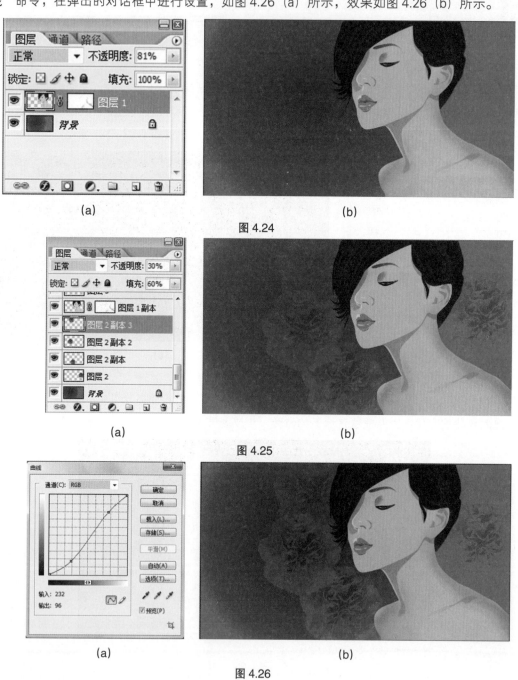

（a）　　　　　　　　　　　　　　　　（b）

图 4.24

（a）　　　　　　　　　　　　　　　　（b）

图 4.25

（a）　　　　　　　　　　　　　　　　（b）

图 4.26

　　（7）复制图层并调整色彩。继续复制图层 2，得到"图层 2 副本 4"、"图层 2 副本 5"、"图层 2 副本 6"、"图层 2 副本 7"图层，设置图层不透明度为 100%，如图 4.27 所示。将相应图层内的花朵放置在合适的位置，并按快捷键 Ctrl+T，调整花朵大小。对图层2副本5、图层2副本6执行菜单栏中的"图像"→"调整"→"曲线"命令，弹出"曲线"对话框，在对话框中进行如图 4.28 所示的设置，效果如图 4.29 所示。

（8）绘制路径。选择钢笔工具 ，在画面上单击，生成锚点，在锚点右下侧单击并拖动鼠标，生成第二个锚点，在按住 Alt 键的同时单击生成的锚点，沿人物边缘轮廓画出两条路径。绘制完成后效果如图 4.30 所示。

图 4.27

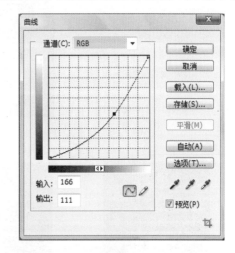

图 4.28

图 4.29

（9）描边路径。选择画笔工具 ，在属性栏中选择"尖角5"画笔类型，然后在画笔面板中设置"形状动态"的参数，如图 4.31（a）所示。设置前景色 R=255、B=220、G=0。新建图层3。单击"路径"面板中的"用画笔描边路径"按钮 ，效果如图 4.31（b）所示。

（10）执行菜单栏中的"文件"→"打开"命令，打开随书光盘中的文件"第4章/第2节/香水"，如图 4.32 所示。将图像拖入新建的文件中，并放置在合适的位置，生成图层4如图 4.33 所示。复制图层4，得到图层4副本，选择魔棒工具，选择图层4副本透明区域，执行菜单栏中的"选择"→"反向"命令，得到香水瓶选区，执行菜单栏中的"选择"→"修改"→"羽化"命令，羽化半径为5像素，设置前景色为白色，按快捷键 Alt + Delete 填充颜色。再执行菜单栏中的"滤镜"→"模糊"→"高斯模糊"命令，半径为25像素，如图 4.34（a）所示。效果如图 4.34（b）所示。

（11）选择文字工具 ，在其选项栏中进行如图 4.35 所示的设置，在画面适当位置单击，输入文字："ONE LIVE"。

(a) 绘制路径　　　(b) 细节放大

图 4.30

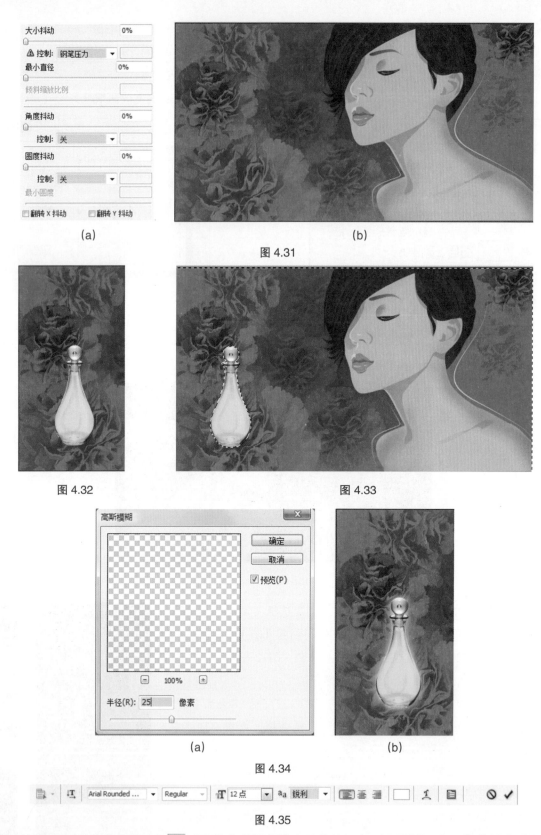

(a)              (b)

图 4.31

图 4.32                             图 4.33

(a)              (b)

图 4.34

图 4.35

（12）新建图层 5，选择画笔工具 ▨ ，在其选项栏中单击画笔的三角形 ▨▨ ，在下拉菜单中选取"混合画笔"，然后在弹出的对话框中单击"追加"按钮。选取画笔"交叉排线 4"，在画笔面板中设置"形状动态"的参数，如图 4.36 所示。按"【"和"】"键调整合适的画笔大小，在香水瓶上单击画上白色闪光。至此，香水广告制作完成。最终效果图如图 4.20 所示。

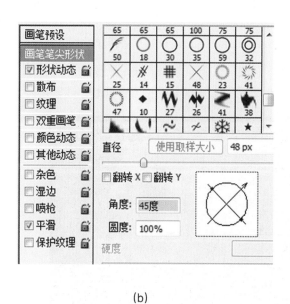

(a)　　　　　　　　　　　　　(b)

图 4.36

**3. 案例小结**

本案例介绍制作广告的基本方法，主要是通过快速复制图层，创建并调整图层参数，以及运用图层蒙版和钢笔路径完成广告实例制作。

# 4.3　海报招贴设计制作　　　　　　　THREE

**1. 实例介绍**

图 4.37 所示是一个舞蹈方面的海报设计；在制作技巧上，主要运用图层样式制作特殊效果及运用通道技术合成图像的办法，烘托画面气氛。

图 4.37

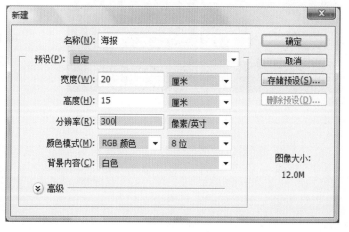

图 4.38

**2. 制作步骤**

（1）运行 Photoshop CS3，执行菜单栏中的"文件"→"新建"命令，或按下快捷键 Ctrl+N，在弹出的"新建"对话框中设置文件大小和属性，并将文件命名为"海报"，如图 4.38 所示，设置完成后单击"确定"按钮。

（2）填充背景图层为黑色，执行菜单栏中的"文件"→"打开"命令，打开随书光盘中的文件"第4章/第3

节 / 舞者"，将图像拖入新建的文件中，并放置在合适的位置，生成图层 1，效果如图 4.39 所示。

（3）创建图层 1 的选区，执行菜单栏中的"选择"→"修改"→"边界"命令，弹出"边界选区"对话框，参数设置如图 4.40 所示，新建图层 2，如图 4.41（a）所示，填充白色，效果如图 4.41（b）所示。

（4）单击"图层"面板下方的"添加图层样式"按钮，在弹出的菜单中选择"外发光"命令，为图层 2 添加图层样式"外发光"，在弹出的对话框中设置参数如图 4.42 所示，效果如图 4.43 所示。

图 4.39

图 4.40

（a）　　　　　（b）

图 4.41

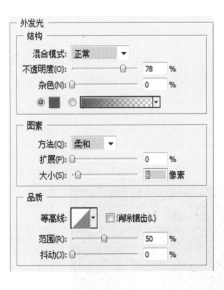

图 4.42

图 4.43

（5）单击"图层"面板下方的"添加图层样式"按钮，在弹出的菜单中选择"颜色叠加"命令，为图层 2 添加样式"颜色叠加"，在弹出的对话框中设置参数如图 4.44 所示，效果如图 4.45 所示。

图 4.44

图 4.45

（6）单击"图层"面板下方的"添加图层样式"按钮，在弹出的菜单中选择"外发光"命令，为图层2添加样式"外发光"，在弹出的对话框中设置参数如图4.46所示，效果如图4.47所示。

图 4.46                                         图 4.47

（7）单击"图层"面板下方的"添加图层样式"按钮，在弹出的菜单中选择"光泽"命令，为图层2添加样式"光泽"，在弹出的对话框中设置参数如图4.48所示，效果如图4.49所示。

（8）为图层2添加蒙版，在蒙版中使用毛笔工具在图片中头发上部涂抹黑色，以产生渐隐效果。效果如图4.50所示。

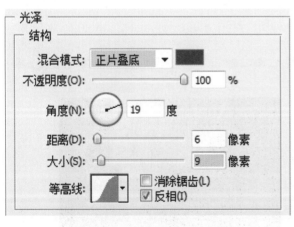

图 4.48                          图 4.49                          图 4.50

（9）执行菜单栏中的"文件"→"打开"命令，打开随书光盘中的文件"第4章/第3节/火焰1"，在"通道"面板中选择红色通道，如图4.51（a）所示。按Ctrl键的同时单击红色通道载入高光区，如图4.51（b）所示。单击激活"通道"面板的RGB主通道如图4.52所示，返回到"图层"面板，使用移动工具，将选中的区域拖入海报文件中，生成图层3，效果如图4.53所示。

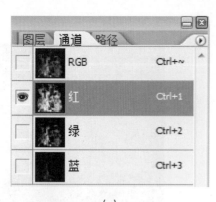

(a)

(b)

图 4.51

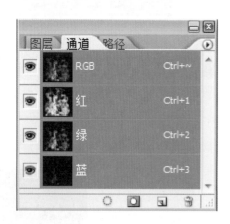

图 4.52

图 4.53

（10）使用移动工具将火焰置于如图 4.54 所示位置。为图层 3 添加蒙版，在蒙版中使用毛笔工具将不需要的部位涂抹成黑色。毛笔工具选项栏参数设置如图 4.55 所示，效果如图 4.56 所示。

图 4.54

画笔 ● 30 模式：正常 ▼ 不透明度：18% ▶ 流量：43% ▶

图 4.55

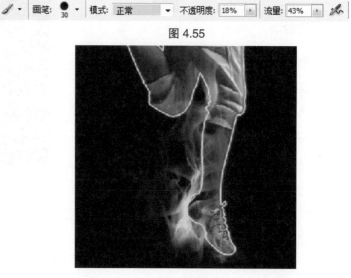

图 4.56

（11）同理操作，依次在人物周围添加火焰效果。实现效果如图 4.57 和图 4.58 所示。

（12）执行菜单栏中的"文件"→"打开"命令，打开随书光盘中的文件"第 4 章 / 第 3 节 / 火焰 2"，在"通道"面板中选择红色通道。按 Ctrl 键的同时单击红色通道载入高光区。单击激活"通道"面板的 RGB 通道，返回到"图层"面板，使用移动工具，将选中的区域拖入海报文件中，生成图层 4，效果如图 4.59 所示。

图 4.57

图 4.58

图 4.59

（13）执行菜单栏中的"滤镜"→"扭曲"→"旋转扭曲"命令，参数设置为 300，效果如图 4.60 所示。按快捷键 Ctrl+T 拉伸图像，效果如图 4.61 所示。

图 4.60

图 4.61

（14）选择文字工具，在其选项栏中单击"切换字符和段落面板"按钮，在弹出的"字符"面板中设置参数如图 4.62 所示，效果如图 4.63 所示。

（15）单击"图层"面板下方的"添加图层样式"按钮，在弹出的菜单中选择"外发光"命令，为文字图层"DANCE"添加图层样式"外发光"，在弹出的对话框中设置参数如图 4.64 所示，效果如图 4.65 所示。本案例完成。最终效果如图 4.37 所示。

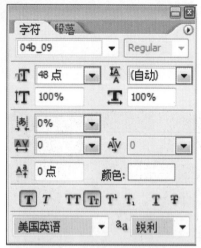

图 4.62

图 4.63

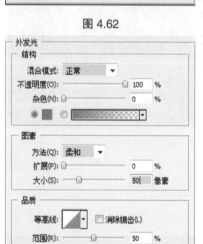

图 4.64

图 4.65

### 3. 案例小结

本案例介绍制作海报的基本方法，主要是利用调整图层样式、图片合成功能并运用图层蒙版制作火焰的效果，最后运用滤镜命令给画面增加火焰的动感效果，完成实例的制作。

## 4.4 书籍装帧设计制作 FOUR

### 1. 实例介绍

通过本案例主要学习设置参考线划分版面及设置出血尺寸，灵活运用图片合成、图层蒙版和图层样式等方面的技术，掌握模拟立体效果的方法。本案例作品最终效果如图 4.66 所示。

### 2. 制作步骤

（1）运行 Photoshop CS3，执行菜单栏中的"文件"→"新建"命令，或按下快捷键 Ctrl+N，在弹出的"新建"对话框中设置文件大小和属性，并将文件命名为"书籍装帧"，如图 4.67 所示，设置完成后单击"确定"按钮。

（2）按快捷键 Ctrl+ R 显示标尺，执行菜单栏中的"视图"→"新建参考线"命令，添加六条参考线，在弹出的"新建参考线"对话框中设置参数（共设置六次）如图 4.68 所示，效果如图 4.69 所示。

图 4.66

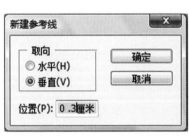

图 4.67

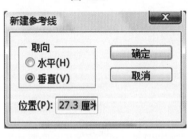
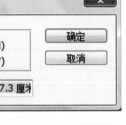

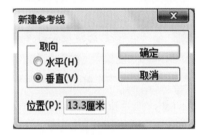

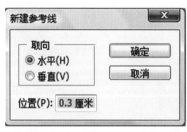

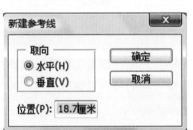

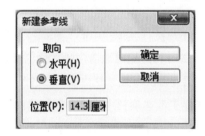

图 4.68

（3）在工具箱中设置前景色 R＝255、G＝249、B＝222，在背景图层填充前景色。执行菜单栏中的"滤镜"→"杂色"→"添加杂色"命令，在弹出的"添加杂色"对话框中设置参数如图 4.70 所示，效果如图 4.71 所示。

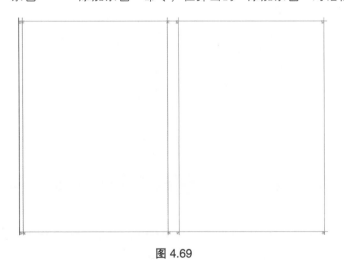

图 4.69

图 4.70

（4）复制背景层为背景副本，选择椭圆工具，在其选项栏中设置参数如图 4.72 所示，在画面正中心绘制一个椭圆，效果如图 4.73 所示。单击"路径"面板下方的"将路径作为选区载入"按钮；选择矩形选框工具

[ ], 在其选项栏中单击"添加到选区"按钮[ ]，如图 4.74 所示框选选区。

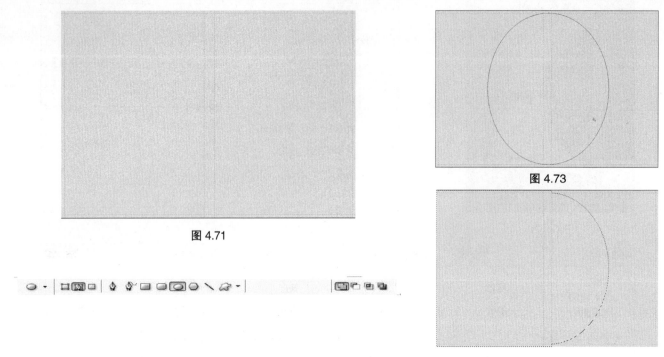

图 4.71

图 4.73

图 4.72

图 4.74

（5）执行菜单栏中的"选择"→"反向"命令，填充前景色，效果如图 4.75 所示。

（6）打开随书光盘中的文件"第 4 章 / 第 4 节 / 图案"，并将其拖入书籍装帧文件中，放置在合适的位置，生成图层 1，执行菜单栏中的"编辑"→"变换"→"旋转 90 度（逆时针）"命令；然后按快捷键 Ctrl+T，单击自由变换工具选项栏中的"保持长宽比"按钮[ ]，适当拉伸图像，完成后按 Enter 键确定，效果如图 4.76 所示。

图 4.75

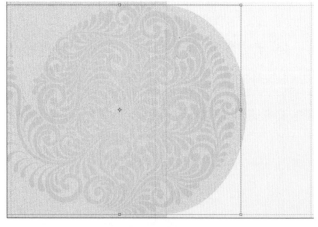

图 4.76

（7）选择矩形选框工具[ ]，如图 4.77 所示框选选区，按 Delete 键删除选区内的图形，再按快捷键 Ctrl+D 取消选择，效果如图 4.78 所示。

（8）打开随书光盘中的文件"第 4 章 / 第 4 节 / 花卉 1"，将其拖入书籍装帧文件中，放置在合适的位置，生成图层 2，按快捷键 Ctrl+T，单击自由变换工具选项栏中的"保持长宽比"按钮[ ]，适当拉伸图像，完成后按 Enter 键确定，效果如图 4.79 所示。

（9）按下 Ctrl 键的同时单击图层 1，载入图层 1 的选区，然后删除图层 1。选择图层 2，单击"图层"面板下方的"添加图层蒙版"按钮为图层2添加蒙版。接着单击"添加图层样式"按钮，在弹出的菜单中选择"投影"命令，为图层2添加样式"投影"，在弹出的对话框中设置参数如图4.80（a）所示。再次单击"添加图层样式"按钮，在弹出的菜单中选择"光泽"命令，为图层2添加样式"光泽"，在弹出的对话框中设置参数如图4.80（b）所示。效果如图4.81所示。

图 4.77

图 4.78

图 4.79

(a)

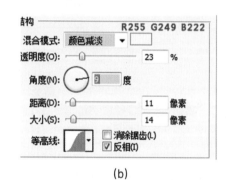

(b)

图 4.80

图 4.81

（10）复制图层2生成图层2副本，执行菜单栏中的"编辑"→"变换"→"水平翻转"命令。按快捷键Ctrl+T，单击自由变换选项栏中的"保持长宽比"按钮 🔘，适当缩小图像，完成后按Enter键确定，选择移动工具 🔁，按住Ctrl键不放，将图像放置在如图4.82所示的位置。再将图层2副本的图层混合模式设置为"变亮"，最终效果如图4.83所示。

（11）设置前景色 R = 229、G = 8、B = 13，单击"图层"面板下方的"创建新图层"按钮 🔲，新建图层 3，选择椭圆选框工具 ⭕，按住 Shift 键的同时拖动鼠标在画面正中画一正圆，填充前景色。效果如图 4.84 所示。复制图层 3 分别生成图层 3 副本和图层 3 副本 2，按住 Ctrl 键依次单击图层 3、图层 3 副本和图层 3 副本 2，如图 4.85 所示。选取移动工具 ▶️，单击其选项栏中的"垂直居中对齐"按钮 ⬛ 和"水平居中分布"按钮 ⬛，效果如图 4.86 所示。

图 4.82

图 4.83

图 4.84

图 4.85

图 4.86

（12）设置前景色 R = 124、G = 108、B = 86，选择横排文字工具 🅣，在三个圆形正中依次输入文字，调出"字符"面板，如图 4.87（a）所示设置参数，得到的效果图如图 4.87（b）所示。单击"图层"面板下方的"添加图层样式"按钮，选择"外发光"命令，为文字图层添加图层样式"外发光"，在弹出的对话框中设置参数如图 4.88 所示，效果如图 4.89 所示。

（13）打开随书光盘中的文件"第 4 章 / 第 4 节 / 花卉 2"，将其拖入书籍装帧文件中，放置在合适的位置，生成图层 4，设置图层 4 混合模式为"正片叠底"；按快捷键 Ctrl+T，单击"自由变换"属性栏中的"保持长宽比"按钮 🔗，适当拉伸图像，完成后按 Enter 键确定，效果如图 4.90 所示。单击"图层"面板下方的"添加图层蒙版"按钮 🔲 为图层 4 添加蒙版。使用画笔工具涂抹如图 4.91 所示。效果如图 4.92 所示。

（14）选择横排文字工具 🅣，在画面适当位置依次输入文字，调出"字符"面板，分别设置参数如图 4.93

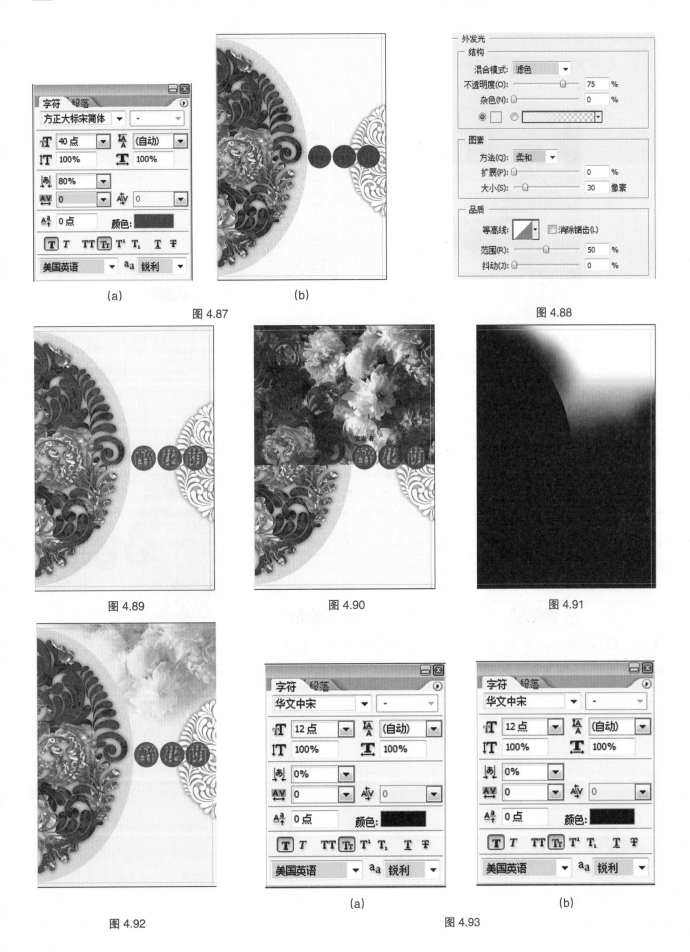

(a)　　　　　　　　　　　(b)

图 4.87　　　　　　　　　　　　　　　　　图 4.88

图 4.89　　　　　　　图 4.90　　　　　　　图 4.91

(a)　　　　　　　　　　　(b)

图 4.92　　　　　　　　　　　　　　　　图 4.93

所示，效果如图 4.94 所示。

　　（15）选择直排文字工具 〔IT〕，在画面书脊位置依次输入书名、作者名、出版者名等三段文字，调出"字符"面板，分别设置参数如图 4.95、图 4.96 和图 4.97 所示，效果如图 4.98 所示。

图 4.94

图 4.95

图 4.96

图 4.97

图 4.98

　　（16）按住 Shift 键不放依次单击图层 2 和图层 2 副本两个图层，然后单击"图层"面板下方的 "链接图层"按钮，链接图层 2 和图层 2 副本。将链接后的两个图层拖到"创建新图层"按钮上，就可以复制出图层 2 副本 2 和图层 2 副本 3，如图 4.99 所示。执行菜单栏中的"编辑"→"变换"→"水平翻转"命令，选择移动工具 〔►+〕，移动图像将其放置在如图 4.100 所示的位置。

　　（17）打开随书光盘中的文件"第 4 章 / 第 4 节 / 条形码"，拖入书籍装帧文件中，放置在合适的位置，生成图层 5，如图 4.101 所示。

　　（18）激活背景图层，选用矩形选框工具，如图 4.102 所示框选书脊部位，按快捷键 Ctrl+J 生成图层 5。再选择直排文字工具 〔IT〕，在画面封底位置依次输入诗名、作者名、诗文内容和定价文字，调出"字符"面板，分别设置参数如图 4.103 所示。效果如图 4.104 所示。执行菜单栏中的"文件"→"存储"命令保存文件，将文件存为 PSD 格式。

（19）选择裁剪工具，如图 4.105 所示裁剪出实际印刷区域的图像，执行菜单栏中的"视图"→"清除参考

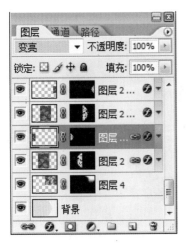

图 4.99

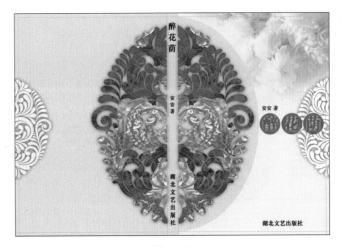

图 4.100

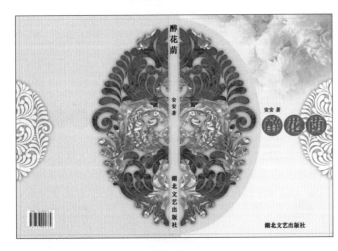

图 4.101

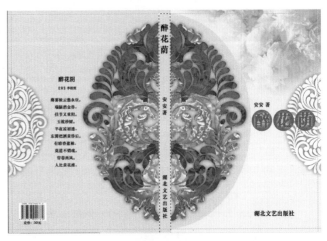

图 4.102

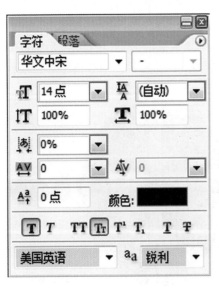

(a)

(b)

(c)

图 4.103

线"命令。再执行菜单栏中的"文件"→"存储为"命令保存文件为 JPEG 格式，命名为"书籍装帧"，单击"保存"按钮，弹出"JPEG 选项"对话框，设置参数如图 4.106 所示。至此，书籍装帧平面展开图完成，效果如图 4.107 所示。

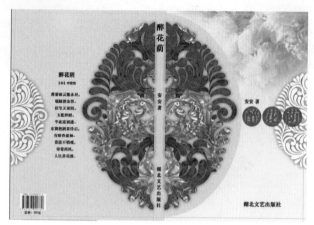

图 4.104

图 4.105

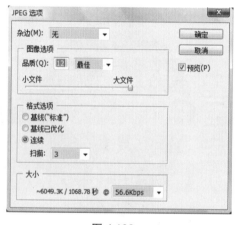

图 4.106

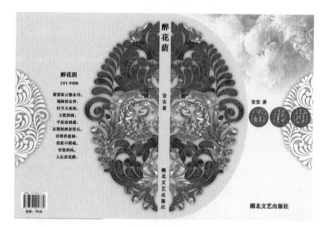

图 4.107

（20）执行菜单栏中的"文件"→"新建"命令，或按快捷键 Ctrl+N，在弹出的"新建"对话框中设置文件大小和属性，如图 4.108 所示，设置完成后单击"确定"按钮。

（21）打开随书光盘中的文件"第 4 章 / 第 4 节 / 书籍装帧"，选择矩形选框工具 ，如图 4.109 所示框选图像，将选中的图像拖入书籍装帧立体效果图文件中，生成图层 1。按下快捷键 Ctrl+T，选择自由变换工具选项栏

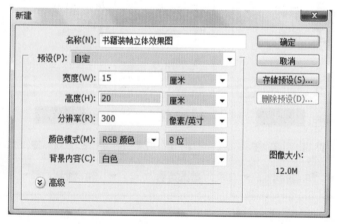

图 4.108

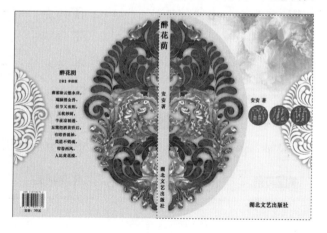

图 4.109

中的"保持长宽比"按钮 **8**，如图 4.110 所示适当缩小图像，设置完成后按 Enter 键确定。

　　（22）复制图层 1 为图层 1 副本，选择矩形选框工具 **□**，如图 4.111 所示框选图像，执行菜单栏中的"编辑"→"变换"→"透视"命令，拖动控制手柄，如图 4.112 所示，设置完成后按 Enter 键确定。按快捷键 Ctrl+T，拖动控制手柄，如图 4.113 所示适当拉伸图像。效果如图 4.114 所示。

图 4.110

图 4.111

图 4.112

图 4.113

图 4.114

　　（23）不取消选择，新建图层 2。选择渐变工具，再在其选项栏中单击渐变编辑条，在弹出的"渐变编辑器"对话框中设置渐变参数，如图 4.115 所示。其中从左向右三个色标颜色分别设置为：位置 0%，R = 116、G = 116、B = 116；位置 50%，R = 255、G = 255、B = 255；位置 100%，R = 116、G = 116、B = 116。设置完成后在选区中从左到右拖动鼠标，进行线性渐变填充如图 4.116 所示。设置图层 2 的混合模式为"正片叠底"，不透明度为 60%，效果如图 4.117 所示。

　　（24）同理操作，选择矩形选框工具 **□**，如图 4.118 所示框选图像，执行菜单栏中的"编辑"→"变换"→"透视"命令，拖动控制手柄，如图 4.119 所示，设置完成后按 Enter 键确定。

　　（25）新建图层 3。选择渐变工具，再在其选项栏中单击渐变编辑条，在弹出的"渐变编辑器"对话框中设置渐变参数，如图 4.120 所示。其中从左向右三个色标颜色分别设置为：位置 0%，R=188、G=188、B=188；位置 50%，R=108、G=108、B=108；位置 100%，R=255、G=255、B=255。设置完成后在选区中从左到右拖动鼠标，进行线性渐变填充，如图 4.121 所示。设置图层 2 的混合模式为"正片叠底"，不透明度为 30%，效果如图 4.122 所示。

图 4.115

图 4.116

图 4.117

图 4.118

图 4.119

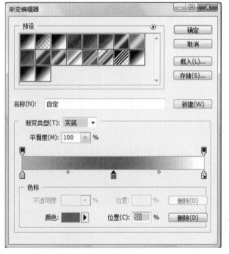

图 4.120

图 4.121

图 4.122

（26）返回背景图层，选择矩形选框工具，如图4.123所示框选图像。设置前景色R=212、G=212、B=212；背景色R=92、G=92、B=92；选择渐变工具，在其选项栏中单击"径向渐变"按钮，在选区中从上到下拖动鼠标，填充径向渐变，如图4.124所示。

（27）选择矩形选框工具，创建如图4.125所示的选区。设置前景色R=187、G=187、B=187，背景色R=50、G=50、B=50；选择渐变工具，在其选项栏中单击"径向渐变"按钮，在选区中从右上角向左下角成对角线拖动鼠标，填充径向渐变。效果如图4.126所示。

图 4.123

图 4.124

图 4.125

图 4.126

（28）选择矩形选框工具，如图4.127所示框选图像，新建图层2，设置前景色R=187、G=187、B=187，背景色R=50、G=50、B=50；选择渐变工具，在其选项栏中单击"径向渐变"按钮，在选区中从上向下拖动鼠标，填充径向渐变。单击"图层"面板上的"添加图层蒙版"按钮为图层2添加蒙版，使用渐变工具填充从白到黑的径向渐变蒙版。将图层2的不透明度设置为50%，效果如图4.128所示。

图 4.127

图 4.128

（29）激活图层 1，选择矩形选框工具，如图 4.129 所示框选图像，按快捷键 Ctrl+J，复制选区并创建为图层 3，执行菜单栏中的"编辑"→"变换"→"垂直翻转"命令，拖动到倒影位置，如图 4.130 所示，设置完成后按 Enter 键确定。执行菜单栏中的"编辑"→"变换"→"扭曲"命令，拖动控制手柄调整出合适的透视效果。

（30）激活图层 1，选择矩形选框工具，如图 4.131 所示框选图像，按快捷键 Ctrl+J，复制选区并创建为图层 4，执行菜单栏中的"编辑"→"变换"→"垂直翻转"命令，拖动到倒影位置，如图 4.132 所示，设置完成后按 Enter 键确定。执行菜单栏中的"编辑"→"变换"→"扭曲"命令，拖动控制手柄调整出合适的透视效果。

图 4.129

图 4.130

图 4.131

图 4.132

（31）分别为图层 2 和图层 3 添加蒙版，按 D 键还原预设前后景色，拖动鼠标填充径向渐变的蒙版。将图层 2 和图层 3 的混合模式设置为正片叠底，不透明度为 50%，如图 4.133 所示。立体效果图完成，如图 4.66 所示。

### 3. 案例小结

本案例主要介绍书籍装帧的制作方法，重在介绍绘制图形、图像合成、编辑图像、划分版面及图层蒙版制作光影或阴影效果等方面技术在书籍装帧设计制作中的运用。

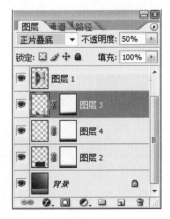

图 4.133

## 4.5 包装设计制作

FIVE

### 1. 实例介绍

本案例是易拉罐包装设计的实例，在制作技术上，主要运用通道、滤镜功能制作选区，图层蒙版功能制作光影变化，以及调整图层混合模式等技术，完成制作实例。最终效果图如图 4.134 所示。

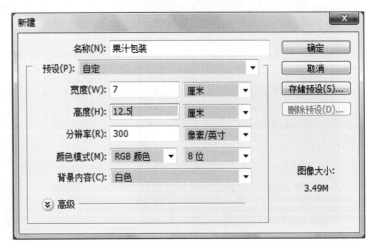

图 4.134            图 4.135

### 2. 制作步骤

（1）运行 Photoshop CS3，执行菜单栏中的"文件"→"新建"命令，或按快捷键 Ctrl+N，在弹出的"新建"对话框中设置文件大小和属性，并将文件命名为"果汁包装"，如图 4.135 所示，设置完成后单击"确定"按钮。

（2）在工具箱中设置前景色 R=254、G=108、B=4，背景色 R=253、G=206、B=60。选择渐变工具，在其选项栏中单击"编辑渐变"按钮，再单击渐变条，在弹出的"渐变编辑器"对话框中选择"前景色到背景色渐变"类型，如图 4.136 所示设置色彩过渡，设置完成后单击"确定"按钮。在背景图层上由左上向右下对角线方向拖动鼠标，填充渐变色，效果如图 4.137 所示。

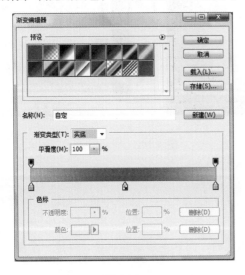

图 4.136            图 4.137

（3）选择椭圆选框工具，拖动鼠标在画面中心画一个椭圆，执行菜单栏中的"选择"→"变换选区"命令，在工具选项栏中设置参数如图 4.138 所示，倾斜角度为 30 度，效果如图 4.139 所示；新建图层 1，按 Alt+ Delete 键填充前景色，效果如图 4.140 所示。

图 4.138

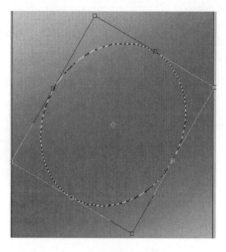

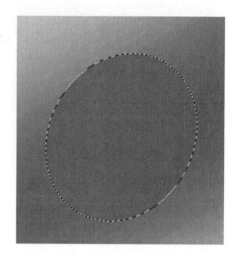

图 4.139　　　　　　　　　　　　　　　　图 4.140

（4）单击"通道"面板下方的"创建新通道"按钮 🔲，新建 Alpha 1 通道，执行菜单栏中的"选择"→"修改"→"羽化"命令，在弹出的"羽化选区"对话框中设置参数，如图 4.141 所示。设置完成后按 Ctrl+Delete 键填充白色，效果如图 4.142 所示。

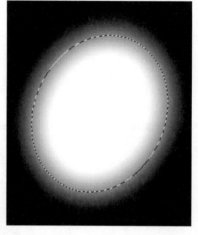

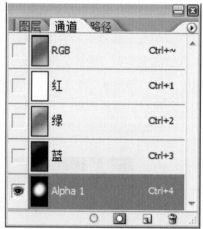

图 4.141　　　　　　　　　　　　　　　　图 4.142

（5）将 Alpha 1 通道拖入"通道"面板上的"创建新通道"按钮 🔲 上，复制 Alpha 1 通道，按 Ctrl+ D 取消选择，执行菜单栏中的"滤镜"→"像素化"→"彩色半调"命令，在弹出的"彩色半调"对话框中设置参数，如图 4.143 所示，效果如图 4.144 所示。

（6）按住 Ctrl 键的同时单击该通道，将通道的图像转换为选区后，回到图层编辑状态，新建一个图层，填充为白色，效果如图 4.145 所示。

（7）选中图层 1，单击"图层"面板下方的"添加图层样式"按钮 *fx.*，在弹出的菜单中选择"描边"命令，在弹出的对话框中设置参数如图 4.146 所示，效果如图 4.147 所示。

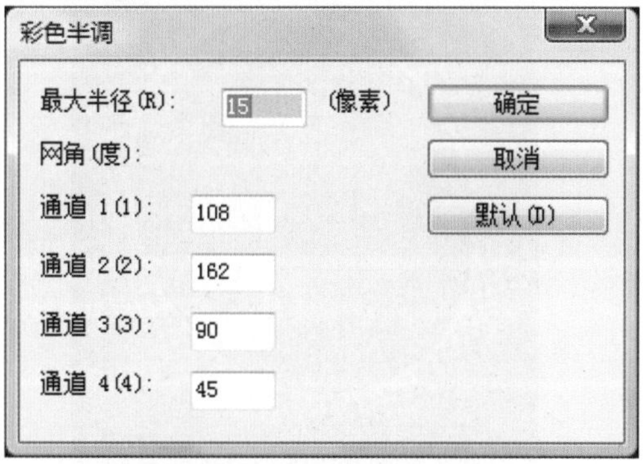

图 4.143

图 4.144

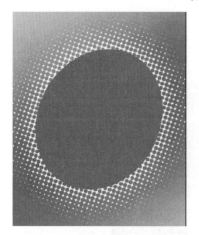

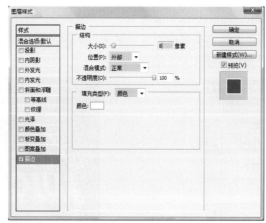

图 4.145

图 4.146

图 4.147

（8）复制图层 1 生成图层 1 副本，图像如图 4.148（a）所示。将该图层 1 副本的 *fx.* 图标拖到"图层"面板下方的"删除图层"按钮 🗑 上，如图 4.148 所示，删除图层样式；按快捷键 Ctrl+T，在自由变换工具选项栏中设置参数如图 4.149 所示；如图 4.150（a）所示锁定该图层的透明像素，设置前景色 R = 254、G = 172、B = 40；按 Alt+ Delete 键填充前景色，效果如图 4.150（b）所示。

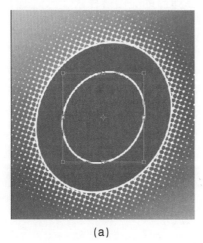

（a）

（b）

图 4.148

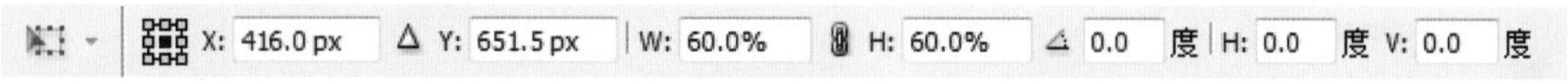

| ▦ ▾ | ▦ X: 416.0 px | △ Y: 651.5 px | W: 60.0% | ⑧ H: 60.0% | ⊿ 0.0 度 | H: 0.0 度 V: 0.0 度 |

图 4.149

(a)

(b)

图 4.150

（9）选择横排文字工具 [T]，再单击其选项栏中的"切换字符和段落面板"按钮 [目]，在弹出的"字符"面板中设置文字参数，如图 4.151 所示；效果如图 4.152 所示。

图 4.151

图 4.152

（10）在"图层"面板中双击文字图层的灰色区域，在弹出的"图层样式"对话框中设置"斜面和浮雕"和"渐变叠加"，分别设置参数如图 4.153 和图 4.154 所示；渐变颜色设置如图 4.155 所示，效果如图 4.156 所示。

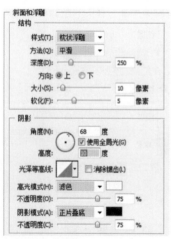

图 4.153

图 4.154

图 4.155　　　　　　　　　　　　　　　图 4.156

（11）为文字图层设置图层样式"描边"，设置参数如图 4.157 所示，其中描边颜色为白色。效果如图 4.158 所示。

（12）设置文字图层的文字首字母"J"及"100"大小为 48 点。效果如图 4.159 所示。

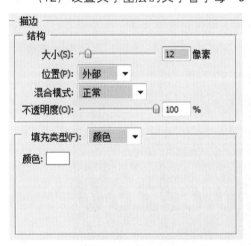

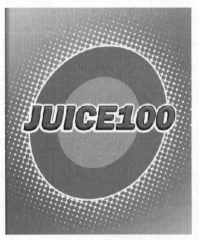

图 4.157　　　　　　　　　　图 4.158　　　　　　　　　　图 4.159

（13）选择横排文字工具，输入文字"100%鲜果精制"。调出"字符"面板，设置参数如图 4.160 所示，颜色设置为 R＝255、G＝252、B＝0，效果如图 4.161 所示。单击横排文字工具属性栏中的"创建文字变形"按钮 ，在弹出的"变形文字"对话框中设置参数如图 4.162 所示。适当调整文字位置，效果如图 4.163 所示。

图 4.160　　　　　　　　　　　　　　　图 4.161

图 4.162

图 4.163

（14）在文字图层下新建图层 3。选择矩形选框工具 ▣，创建一个矩形选区并填充白色，效果如图 4.164 所示。删除矩形选区复制变形文字图层，执行菜单栏中的"编辑"→"变换"→"垂直翻转"命令，再执行菜单栏中的"编辑"→"变换"→"水平翻转"命令，双击该图层预览框，修改文字内容。效果如图 4.165 所示。

（15）打开随书光盘中的文件"第 4 章 / 第 5 节 / 橙子"。将橙子图像拖入果汁包装文件中，生成图层 4。适当调整橙子图像的大小，将其放置于中心位置。单击"图层"面板下方的"添加图层样式"按钮，在弹出的菜单中选择"外发光"命令，为图层 4 添加图层样式"外发光"，设置参数如图 4.166 所示，效果如图 4.167 所示。

图 4.164

图 4.165

图 4.166

图 4.167

（16）选择横排文字工具，输入文字"补充每日所需维生素 C"；调出"字符"面板，设置文字参数如图 4.168 所示。设置颜色为白色，放置于水平中心位置。继续输入文字"净含量：335 ml"，在"字符"面板中设置文字参数如图 4.169 所示，效果如图 4.170 所示。

图 4.168

图 4.169

图 4.170

（17）选择自定形状工具 ，单击其选项栏中的"形状"项后的下拉按钮，在弹出的下拉面板中单击小三角形，在形状下拉面板菜单中选择"横幅"命令，在弹出的对话框中单击"追加"按钮；选取形状"横幅 1"，如图 4.171 所示。颜色设置为 R = 254、G = 102、B = 0。在画面上部正中拖动鼠标，创建一个横幅；右击该形状图层的灰色区域，在弹出的快捷菜单中选择"栅格化图层"命令，将其转为普通图层"形状 1"，效果如图 4.172 所示。

图 4.171

图 4.172

（18）单击形状 1 图层下方的"添加图层样式"按钮，为图层形状 1 添加图层样式"投影"、"描边"和"渐变叠加"，设置投影参数如图 4.173 所示，设置描边参数如图 4.174 所示，设置渐变叠加参数如图 4.175 所示。效果如图 4.176 所示。

（19）选择横排文字工具，在其选项栏中设置参数如图 4.177 所示，输入文字"真滋味饮品"，效果如图 4.178 所示。至此，果汁瓶贴制作完成。拼合图层，执行菜单栏中的"文件" → "存储为"命令，在弹出的对话框中设置文件名为"果汁包装 1"，格式设置为 PSD。

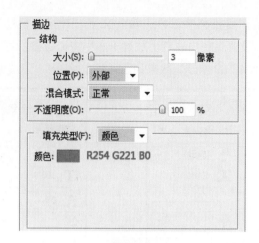

图 4.173                                          图 4.174

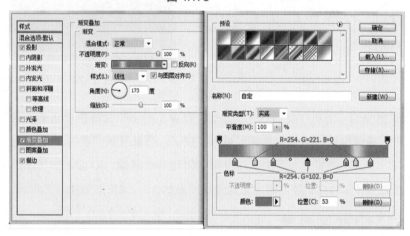

图 4.175                                          图 4.176

图 4.177

图 4.178

（20）按快捷键 Ctrl+ N 新建文件，在弹出的对话框中设置参数，并将文件命名为"立体效果"，如图 4.179 所示。

（21）打开随书光盘中的文件"第 4 章 / 第 5 节 / 易拉罐"，将文件拖入立体效果文件中，生成图层 1，再将果汁包装文件拖入，生成图层 2。降低图层 2 的不透明度，按快捷键 Ctrl+T，将瓶贴拉伸到合适大小（在自由变换工具选项栏中设置参数如图 4.180 所示）。效果如图 4.181 所示。

（22）选择魔棒工具 ，单击图层 1 的透明区域，获得选区；单击选中图层 2，按 Delete 键删除图层 2 中选区内的内容，按快捷键 Ctrl+D 取消选区。效果如图 4.182 所示。

（23）设置图层 2 的混合模式为颜色加深，效果如图 4.183 所示。

（24）复制图层 2 为图层 2 副本，设置图层 2 副本的混合模式为"正片叠底"，效果如图 4.184 所示。单击"图层"面

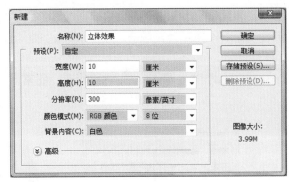

图 4.179

板下方的"添加图层蒙版"按钮 ，选择渐变工具 ，在其选项栏中单击"线性渐变"按钮，在蒙版中拖出从黑到白的渐变。用矩形选框工具框选罐体左边，如图 4.185 所示，执行菜单栏中的"选择"→"修改"→"羽化"命令。在弹出的"羽化选区"对话框中设置参数如图 4.186 所示。按快捷键 Ctrl+ Delete 填充白色，"图层"面板显示如图 4.187（a）所示，效果如图 4.187（b）所示。

（25）复制图层 2 为图层 2 副本 2，设置图层 2 副本 2 的混合模式为"正常"；单击"图层"面板下方的"添加图层蒙版"按钮 ，选择渐变工具 ，在其选项栏中单击"对称渐变"按钮，在蒙版中拖出从黑到白到黑的

图 4.180

图 4.181　　　　　图 4.182　　　　　图 4.183　　　　　图 4.184　　　　　图 4.185

图 4.186

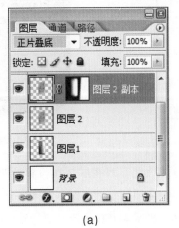

（a）

（b）

图 4.187

渐变。选择画笔工具，在其选项栏中设置参数如图 4.188 所示，在蒙版中用黑色画笔涂出罐底暗部。"图层"面板显示如图 4.189（a）所示，效果如图 4.189（b）所示。

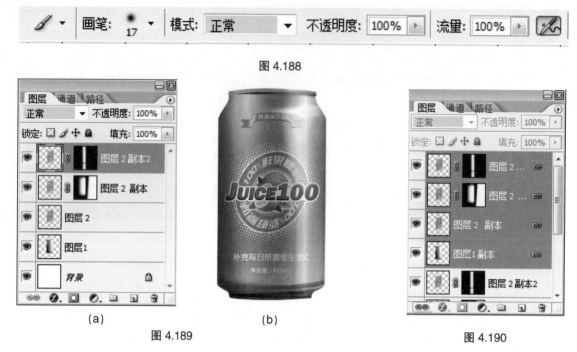

图 4.188

(a) (b)

图 4.189

图 4.190

（26）按住 Shift 键不放依次单击图层 1、图层 2、图层 2 副本和图层 2 副本 2，单击"图层"面板下方的"链接图层"按钮 ，链接上述图层。拖动链接图层到"创建新图层"按钮 上，复制所有链接图层，如图 4.190 所示。右击蓝色的链接图层，在弹出的快捷菜单中选取"合并图层"命令，结果如图 4.191 所示。

（27）双击"图层 2 副本 2 副本"图层（已经合并链接的图层）的名称，将其重命名为图层 3。在图层 3 执行菜单栏中的"编辑"→"变换"→"垂直翻转"命令，效果如图 4.192 所示。选择移动工具 ，拖动图层 3 的图像到如图 4.193 所示的位置。

图 4.191

图 4.192

图 4.193

（28）拖动图层 3 到背景图层上面。对图层 3 执行菜单栏中的"图像"→"调整"→"亮度/对比度"命令；在弹出的"亮度/对比度"对话框中设置参数如图 4.194 所示，效果如图 4.195 所示。

（29）框选图层 3 下部图像，如图 4.196 所示。执行菜单栏中的"选择"→"修改"→"羽化"命令；在弹出的"羽化选区"对话框中设置参数如图 4.197 所示。执行菜单栏中的"滤镜"→"模糊"→"高斯模糊"命令，在弹出的"高斯模糊"对话框中设置参数如图 4.198 所示，效果如图 4.199 所示。单击"图层"面板下方的"添加图层蒙版"按钮 ，选择渐变工具 ▣，在其选项栏中单击"线性渐变"按钮，在蒙版中拖出从白到黑的渐变。降低图层 3 的不透明度为 80%，如图 4.200 所示。最终效果如图 4.134 所示。至此，本范例完成。

图 4.194

图 4.196

图 4.195

图 4.197

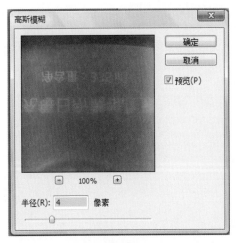

图 4.198

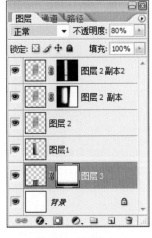

图 4.199

图 4.200

### 3. 案例小结

　　本案例介绍易拉罐包装设计制作方法，主要通过在通道中运用滤镜制作选区，设置图层样式、图层混合模式、图层蒙版等方面的技术，完成实例制作。

# 第 5 章
# 图形图像处理综合实例.............

P**hotoshop**
**CS**
Y**ishu Sheji**
J**iaocheng**

◀ ◀ ◀ ◀

◀ ◀ ◀ ◀

## 5.1 数码照片处理——人物部分 ONE

### 1. 人像脸部处理

实例介绍：主要运用液化滤镜、仿制图章等命令对人物脸部进行修饰等处理，处理前图片如图 5.1(a)所示；处理后的图片如图 5.1(b)所示。

(a)

(b)

图 5.1

下面介绍具体的制作步骤。

（1）打开随书光盘中的文件"第 5 章 / 第 1 节 / 人物 1 始"，按快捷键 Ctrl+Shift+L，进行自动色调命令处理。

（2）执行菜单栏中的"滤镜"→"杂色"→"去斑"命令，然后按快捷键 Ctrl+F 三次，重复运用去斑命令，去斑前后效果如图 5.2 所示。

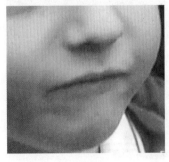
**(a) 去斑前**

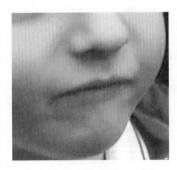
**(b) 去斑后**

图 5.2

图 5.3

（3）选择背景图层，按快捷键 Ctrl+J，复制背景图层，然后改变复制的背景图层的图层混合模式为"柔光"，效果如图 5.3 所示。

（4）按快捷键 Ctrl+Shift+Alt+E，盖印图层，创建图层 2。

（5）选中图层 2，执行菜单栏中的"滤镜"→"液化"命令，调出"液化"对话框，在对话框中选择向前变形工具 🔧，设置画笔大小为 250，然后将鼠标指针放在人物脸部轮廓处，向左上方轻轻推移鼠标指针，改变脸部轮廓。处理前如图 5.4（a）所示，处理后如图 5.4（b）所示。

（6）运用向前变形工具，对图像中人物脸部轮廓进行修饰，处理后的效果如图 5.5 所示（如果处理过程中人物脸部轮廓不光滑平整，可在"液化"对话框"重建选项"中选择"平滑"模式，然后单击"重建"按钮，再做调整）。

（7）调整图像中人物的眼睛。使用对话框中膨胀工具按钮 ⬧，将鼠标指针放在人物眼睛处，然后单击一次，可以放大眼睛。调整前效果如图 5.6(a)所示，调整后效果如图 5.6(b)所示（注：不要多次单击，否则眼睛会过度放大）。

（8）运用第（7）步的方法将图像中人物的另外一只眼睛放大，调整后的效果如图 5.7 所示。

（9）调整图像中人物的嘴唇。继续使用向前变形工具 ⬭，将鼠标指针放在人物嘴角两侧处，向上轻轻移动，处理前效果如图 5.8（a）所示；处理后效果如图 5.8（b）所示。

（10）运用第(9)步的方法，继续对图像中人物嘴唇的中部进行调整。调整前的效果如图 5.9（a）所示，调整后的效果如图 5.9（b）所示。

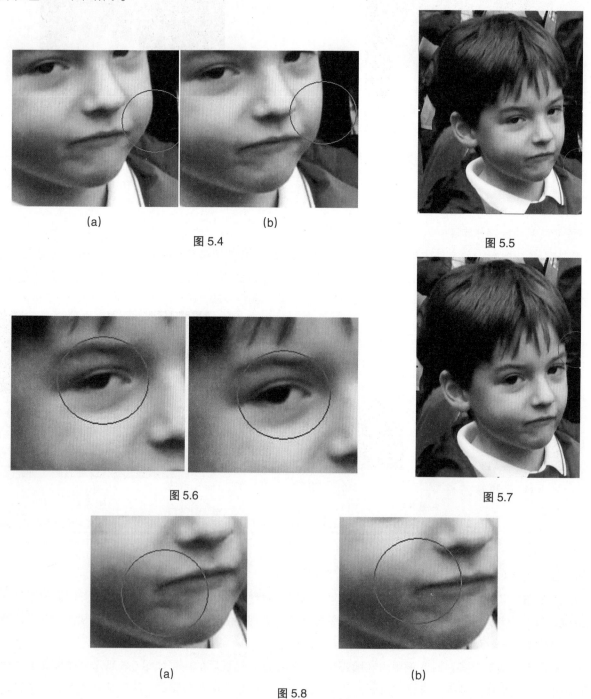

(a)　　　　　　　　　(b)

图 5.4　　　　　　　　　　　图 5.5

图 5.6　　　　　　　　　　　图 5.7

(a)　　　　　　　　　　　(b)

图 5.8

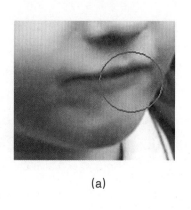
（a）

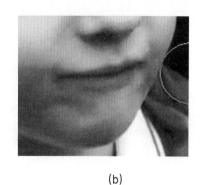
（b）

图 5.9

（11）去除图像中人物的眼袋。选择工具箱中仿制图章工具 ，设置该工具选项栏中"不透明度"为 12%，按住 Alt 键，鼠标指针变为  形状，然后将鼠标指针放在人物脸部的亮部区域，单击一次，然后松开 Alt 键，完成定义取样点。最后单击左眼眼袋处，去除眼袋。处理前的效果如图 5.10（a）所示，处理后的效果如图 5.10（b）所示。

（12）运用第（11）步的方法，将图像中人物另外一只眼睛的眼袋去除，效果如图 5.11 所示。

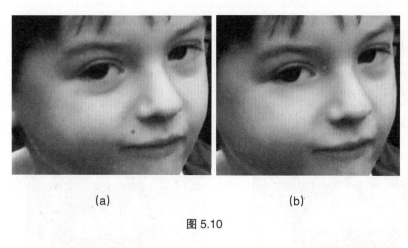

（a）                （b）

图 5.10

图 5.11

（13）对图像中人物嘴唇进行略微偏红处理。选择工具箱中的钢笔工具 ，在人物嘴唇处勾选，创建路径，如图 5.12（a）所示；然后按快捷键 Ctrl+Enter，将路径转成选区。执行菜单栏中"选择"→"修改"→"羽化"命令，弹出"羽化选区"对话框，设置羽化 5 像素，如图 5.12(b)所示。羽化选区后的效果如图 5.12(c)所示。

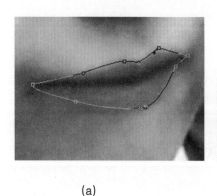

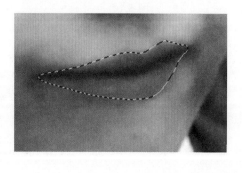

（a）                （b）                （c）

图 5.12

（14）执行菜单栏中的"图像"→"调整"→"色相/饱和度"命令，调出"色相/饱和度"对话框，设置参数如图 5.13(a)所示；调整后的效果如图 5.13(b)所示。

(15) 运用仿制图章工具，对人物脸部进行平滑处理，完成实例制作如图 5.1(b)所示。

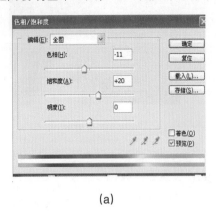

(a)

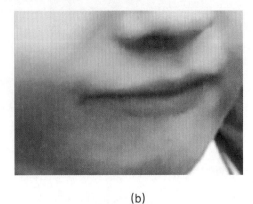

(b)

图 5.13

### 2. 人物背景更换

实例介绍：运用钢笔工具选定人物，运用移动工具更换人物背景，同时结合曲线等色彩处理工具将人物和新背景的颜色处理得较为和谐。图 5.14 是原图，图 5.15 是制作后的图。

图 5.14

图 5.15

图 5.16

下面介绍具体的制作步骤。

(1) 打开随书光盘中的文件"第 5 章 / 第 1 节 / 人物 2 始"，如图 5.16 所示。

(2) 选择工具箱中的钢笔工具，设置其选项栏，如图 5.17 所示。

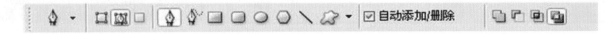

图 5.17

(3) 在画面上用放大镜单击，放大画面，然后运用钢笔工具勾勒人物轮廓，如图 5.18 所示。

(4) 使用钢笔工具勾勒人物轮廓，如图 5.19 所示。

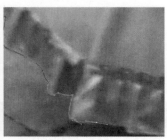

图 5.18 图 5.19

（5）运用钢笔工具勾勒完整个人物，如图 5.20 所示。

（6）按快捷键 Ctrl+Enter，将路径转换成选区，如图 5.21（a）所示，然后执行菜单栏中的"选择"→"修改"→"羽化"命令，弹出"羽化选区"对话框，设置羽化半径为 5 像素，如图 5.21（b）所示。

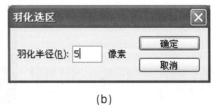

(a) (b)

图 5.20 图 5.21

（7）打开随书光盘中的文件"第 5 章 / 第 1 节 / 人物 2 背景素材"，将前面选中的人物拖到背景素材中创建图层 1，并运用自由变换工具更改人物大小，如图 5.22 所示。

（8）选中图层 1，然后将其添加图层蒙版，如图 5.23 所示。

（9）选择工具箱中的画笔工具，设置其选项栏，如图 5.24 所示。

图 5.23

图 5.22 图 5.24

(10) 设置前景色为黑色，然后运用画笔在人物帽檐轮廓处涂抹，去除多余的图案，效果如图 5.25 所示。

(11) 运用第（10）步的方法，将人物轮廓处发亮多余的颜色去除掉，如图 5.26 所示。

(a) 处理前　　　　　　　(b) 处理后

图 5.25　　　　　　　　　　　　　　　　　　　　图 5.26

(12) 在"图层"面板中选中背景图层，然后用套索工具在人物裙子下面的草地上创建选区，按快捷键 Ctrl+M，弹出"曲线"对话框，如图 5.27（a）所示设置参数，单击"确定"按钮，将选区中的草地颜色调整为比较深的颜色，模拟人物阴影，如图 5.27（b）所示。

(13) 运用曲线或其他色彩处理命令，将人物图像的明度提高，处理颜色以与背景基本和谐，如图 5.28 所示。

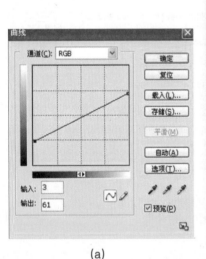

(a)　　　　　　　　　　　(b)

图 5.27　　　　　　　　　　　　　　　　　　　图 5.28

### 3. 人物画框制作

实例介绍：运用自定义形状工具、图案填充、图层混合模式、图层样式等功能制作画框，最后合成图片，用曲线命令调整图片亮度，完成实例，最终效果如图 5.29 所示。

下面介绍具体的制作步骤。

(1) 打开随书光盘中的文件"第 5 章 / 第 1 节 / 人物 3 背景"，新建图层 1，如图 5.30 所示。

(2) 选择工具箱中的自定形状工具 ，在工具选项栏中单击"形状"项后的下拉按钮，在调出的下拉面板中单击右上角的黑三角图标，在弹出的菜单中选择"全部"命令，如图5.31所示，最后在弹出的对话框中单击"追加"按钮。

（3）在自定形状工具的选项栏中单击"填充像素"按钮，并在"形状"下拉面板中选择"边框2"图形，如图5.32所示。

（4）单击工具箱中前景色，在调出的拾色器中设置颜色（R=250，G=230，B=59）。在背景文件的图层1中，拖动鼠标创建一个椭圆形画框，调整大小位置，如图5.33所示。

（5）按住Ctrl键，同时单击"图层"面板中的图层1的缩略图，将图层1载入选区。如图5.34所示。

图 5.29

图 5.30

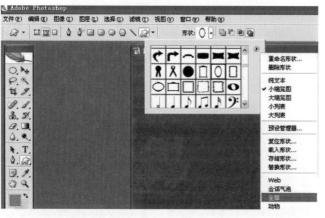

图 5.31

图 5.32

图 5.33

（6）执行菜单栏中的"选择"→"修改"→"收缩"命令，在调出的"收缩选区"对话框中设置参数如图5.35所示。然后按Ctrl+Alt+D快捷键，打开"羽化选区"对话框（用户若使用的是Photoshop CS5版本，用Shift+F6快捷键即可打开"羽化选区"对话框。因软件版本不同使用的快捷键会有不同，这时可以选择执行菜单栏中的"选择"→"修改"→"羽化"命令），设置参数如图5.36所示。

（7）打开随书光盘中的文件"第5章/第1节/图案素材"，按快捷键 Ctrl+A，全选图案素材图片，如图 5.37
(a) 所示。执行菜单栏中的"编辑"→"定义图案"命令，在弹出的"图案名称"对话框中设置名称，最后单击
"确定"按钮，如图 5.37（b）所示。

（8）选择背景文件，在"图层"面板下方单击"创建新图层"按钮新建图层 2，如图 5.38 所示。

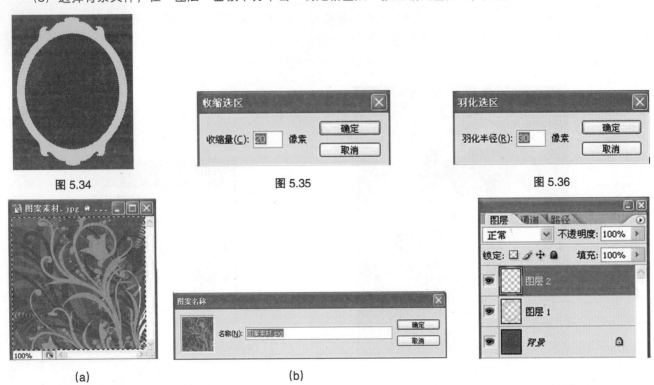

图 5.34　　　　　　　　　图 5.35　　　　　　　　　图 5.36

　　　　(a)　　　　　　　　　(b)

图 5.37　　　　　　　　　　　　　　　　　　　　　图 5.38

（9）执行菜单栏中的"编辑"→"填充"命令，在调出的"填充"对话框中，选择刚才定义的"图案素材"
文件，如图 5.39 所示。

（10）在"填充"对话框中，单击"确定"按钮，填充后的效果如图 5.40（a）所示。在"图层"面板中，选
择图层 2 的图层混合模式为"颜色加深"，效果如图 5.40（b）所示。

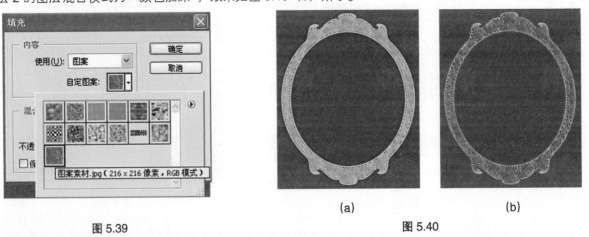

图 5.39　　　　　　　　　　　　　　图 5.40

（11）选择背景文件"图层"面板中的图层 1，然后单击"图层"面板下方的"添加图层样式"按钮 *fx.*，为
其添加图层样式。在调出的"图层样式"面板中具体设置参数如图 5.41 所示。

（12）图 5.41 所示的"图层样式"面板中的"阴影模式"选项右侧的颜色设置，如图 5.42 所示。

（13）"图层样式"面板参数设置完成后，最后单击"确定"按钮。运用图层样式后的画框效果如图 5.43 所示。

（14）在"图层"面板中新建图层 3，绘制如图 5.44 所示的椭圆形选区。

（15）设置前景色为白色，并填充到图层 3 的选区中，调整图层 3 的位置到图层 1 的下面，如图 5.45 所示。

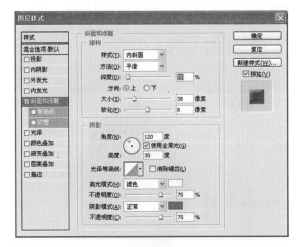

图 5.41

图 5.42

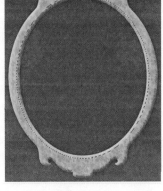

图 5.43　　　　　　　图 5.44　　　　　　　图 5.45

（16）打开随书光盘中的文件"第 5 章 / 第 1 节 / 人物 3 始"，将其拖入背景文件中创建图层 4，按快捷键 Ctrl+T 调整大小，如图 5.46 所示。

（17）按 Enter 键，完成自由变换设置。然后将图层 4 拖到图层 3 的上方，最后按住 Alt 键，同时将鼠标指针放在图层 3 和图层 4 之间单击，创建剪贴蒙版，如图 5.47 所示。

（18）选择图层 4，按快捷键 Ctrl+M，调出"曲线"对话框，在 RGB 主通道中，调整图片的亮度，最后制作完成的效果如图 5.29 所示。

图 5.46

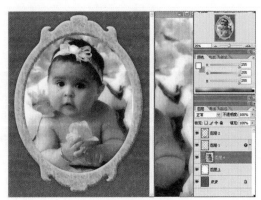

图 5.47

## 5.2 数码照片处理——色彩部分 TWO

#### 1. 将黑白照片处理成彩色照片

实例介绍：运用"色相 / 饱和度"命令将黑白图片变成彩色图像，同时整体调整图片色相、饱和度、明度。处理前后的效果如图 5.48 所示。

(a) 处理前

(b) 处理后

图 5.48

下面介绍具体的制作步骤。

（1）打开随书光盘中的文件"第 5 章 / 第 2 节 / 人物 1 始"。执行菜单栏中的"图像"→"调整"→"色相 / 饱和度"命令，打开"色相 / 饱和度"对话框，如图 5.49（a）所示，勾选"着色"项，设置"色相"值为 17、"饱和度"值为 65，对全图进行着色处理，单击"确定"按钮，效果如图 5.49（b）所示。

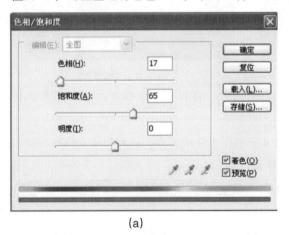

(a)

(b)

图 5.49

（2）用钢笔工具在儿童嘴唇处创建路径，如图 5.50（a）所示，然后右击，在弹出的快捷菜单中选择"建立选区"命令，弹出"建立选区"对话框，设置参数如图 5.50（b）所示，单击"确定"按钮，将路径转换成选区，如图 5.50（c）所示。

（3）调出"色相 / 饱和度"对话框，如图 5.51（a）所示，勾选"着色"项，设置"色相"值为 360、"饱和度"值为 60，对选区进行着色处理，效果如图 5.51（b）所示。

（4）如图 5.52（a）所示，用同样的方法将儿童衣服选中，如图 5.52（b）所示调整颜色，效果如图 5.52（c）所示。

（5）运用同样的方法将儿童背景的色彩更换为冷色，让人物和背景有冷暖对比的变换。运用"色相 / 饱和度"

命令将儿童眼睛眼白设置为偏冷、偏蓝色，完成制作，也可使用画笔工具，将其不透明度设置低于 7%，画笔颜色设置为红色，新建图层，在儿童面颊处涂抹，让面颊稍微红润些。最终效果如图 5.48（b）所示。

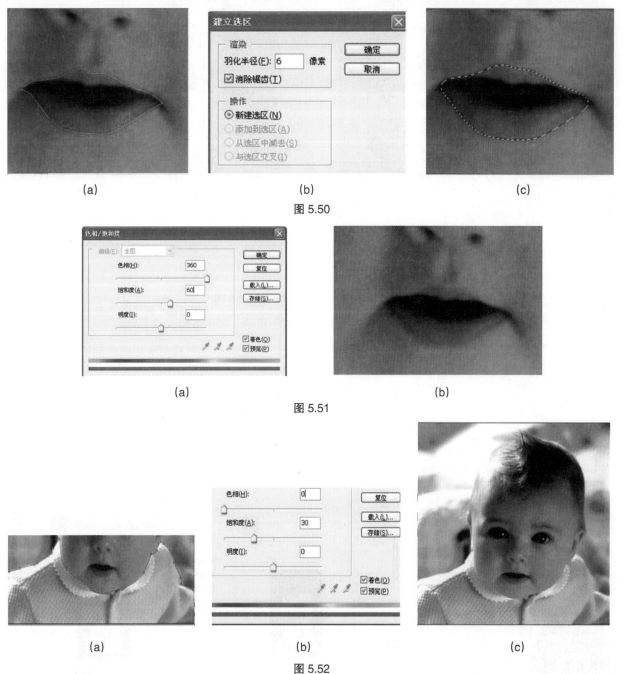

(a)　　　　　　　　　　(b)　　　　　　　　　　(c)

图 5.50

(a)　　　　　　　　　　　　　　　(b)

图 5.51

(a)　　　　　　　　　　(b)　　　　　　　　　　(c)

图 5.52

### 2. 衣服色彩处理

实例介绍：主要使用"替换颜色"命令，选择图像中的特定区域的颜色，然后替换那些颜色；同时可以更改选定区域颜色的色相、饱和度和亮度，实现人物衣服颜色的变换。处理前后的效果如图 5.53 所示。

下面介绍具体的制作步骤。

（1）打开随书光盘中的文件"第 5 章 / 第 2 节 / 人物 2 始"。运用钢笔工具在人物的脸部和双手处绘制如图 5.54 所示的路径。

（2）按快捷键 Ctrl+Enter 将路径转换成选区，然后按快捷键 Ctrl+J 复制选区中的内容到新建的图层 1 中，如图 5.55 所示。

（a）处理前　　　　　　（b）处理后

图 5.53　　　　　　　　　　　　　　　图 5.54　　　　　　　　　　图 5.55

（3）选中"背景"图层，执行菜单栏中的"图像"→"调整"→"替换颜色"命令，调出"替换颜色"对话框。

（4）单击"替换颜色"对话框中的"吸管工具"按钮🖋，在缩览图下方选择"选区"项，在图 5.56（a）所示的小女孩红色裙子上单击，则选中的区域在对话框中以白灰色显示，如图 5.56（b）所示。

若勾选"替换颜色"对话框中"选区"项，则用吸管工具选中的区域在对话框中以白灰色显示，黑色是非选区；若勾选"图像"项，则在对话框中显示图像而不是显示选区。吸管工具在图像上单击创建选区时，单击处的颜色在对话框"选区"右侧"颜色"旁显示出来。本例显示的是红色。

（5）继续第(4)步的操作。单击对话框选区中"添加到取样"按钮🖋，在白灰色人物选区中单击灰色，此刻白灰色的裙子显得更白了，增加了选区范围。如图 5.57 所示。向右侧拖动"颜色容差"下的滑块，对应数值为 132，此刻白灰色的裙子的白色区域增加，进一步扩大了选区的范围，如图 5.58 所示。

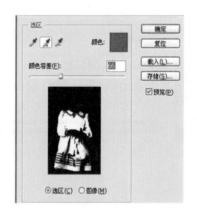

（a）　　　　　　　　　（b）

图 5.56　　　　　　　　　　　　　　　图 5.57　　　　　　　　　　图 5.58

（6）调整小女孩裙子的颜色。保持第（5）步的设置，在图 5.59（a）所示对话框中"替换"命令区域，拖动"色相"下的滑块向右侧移动，对应色相数值变为 112，在结果旁显示了调整后的色相。拖动"饱和度"下的滑块到右侧，对应数值为 43，增加颜色的饱和度。人物裙子变成了绿色，更加鲜艳了，如图 5.59（b）所示。

（7）继续第(6)步的操作，将"色相"滑块向左侧拖动，改变调整后的色相，修改饱和度数值为 0，如图 5.60（a）所示。人物裙子的颜色变成了蓝色，没有原先鲜艳了，如图 5.60（b）所示。

(a)　　　　　　　　　　(b)　　　　　　　　　　(a)　　　　　　　　　　(b)

图 5.59　　　　　　　　　　　　　　　　图 5.60

### 3. 调整风景季节

实例介绍：通过修改局部图像色彩实现图像的季节变换效果。调整前的原始图片如图 5.61（a）所示，调整后的图片如图 5.61(b)所示。

下面介绍具体的制作步骤。

（1）打开随书光盘中的文件"第 5 章 / 第 2 节 / 风景"，然后选中背景图层，按快捷键 Ctrl+J，复制背景图层为"图层 1"，如图 5.62 所示。

(a)　　　　　　　　　　(b)

图 5.61　　　　　　　　　　　　　　　　图 5.62

（2）选中图层 1，然后选择工具箱中的套索工具 ，然后在其选项栏中设置"羽化"数值为 15。在图像中创建选区，如图 5.63 所示。

（3）按快捷键 Ctrl+U，调出"色相 / 饱和度"对话框，设置参数如图 5.64（a）所示。调整后的结果如图 5.64 (b)所示。

(a)　　　　　　　　　　(b)

图 5.63　　　　　　　　　　　　　　　　图 5.64

（4）按快捷键 Ctrl+D，取消选区；然后继续运用套索工具在图像中创建选区。按快捷键 Ctrl+U，调出"色相／饱和度"对话框，设置参数如图 5.65(a)所示。调整后的结果如图 5.65(b)所示。

（5）按快捷键 Ctrl+D，取消选区；然后继续运用套索工具在图像中创建选区。按快捷键 Ctrl+U，调出"色相／饱和度"对话框，设置参数如图 5.66(a)所示，调整后的结果如图 5.66(b)所示。

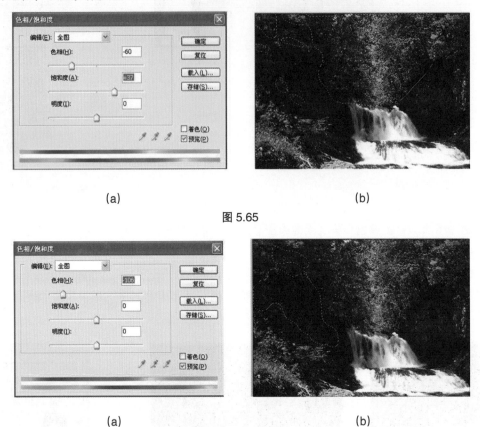

(a)                                    (b)

图 5.65

(a)                                    (b)

图 5.66

（6）按快捷键 Ctrl+D，取消选区；然后继续运用套索工具在图像中创建选区。按快捷键 Ctrl+U，调出"色相／饱和度"对话框，设置参数如图 5.67(a)所示，调整后的结果如图 5.67(b)所示。

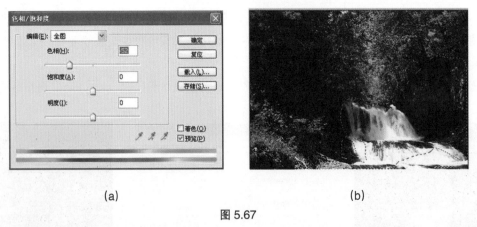

(a)                                    (b)

图 5.67

（7）通过用"色相／饱和度"命令改变图像的颜色，下面用色彩平衡命令对图像色彩进行微调。

选择快捷键 Ctrl+D，取消选区。按快捷键 Ctrl+B，调出"色彩平衡"对话框，选择阴影、中间调，分别设置参数如图 5.68 所示。

继续在"色彩平衡"对话框中选择高光,设置参数如图 5.69 所示。调整后的最终效果如图 5.61(b)所示,完成实例制作。

(a)

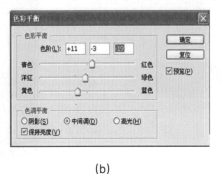

(b)

图 5.68

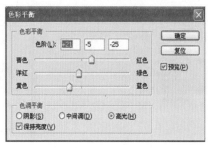

图 5.69

## 5.3　卧室效果图后期处理　　　　　　　　　　　THREE

### 1. 实例介绍

本节以室内效果图后期处理为例,主要介绍运用钢笔工具勾选需要调整明度和色彩变化的区域,运用曲线等色彩处理命令调整选区中物体的明度和色彩变化,通过复制图层进行滤镜处理并调整图层混合模式对图像进行润色处理。最终效果图如图 5.70 所示。

### 2. 制作步骤

(1)打开随书光盘中的文件"第 5 章 / 第 3 节 / 卧室始",如图 5.71 所示。

图 5.70

图 5.71

(2)对图像进行润色处理。选择卧室始图像文件,按快捷键 Ctrl+J,复制背景图层,如图 5.72(a)所示。然后执行菜单栏中的"滤镜"→"模糊"→"高斯模糊"命令,调出"高斯模糊"对话框,设置参数如图 5.72(b)所示。

(3)选择图层 1 的图层混合模式为"柔光",效果如图 5.73 所示。

(4)下面调整除了顶棚、吊灯之外的物体的明度、色彩倾向变化。

① 选择工具箱中的钢笔工具,创建如图 5.74 所示的路径。

② 路径创建完成后,按快捷键 Ctrl+Enter,将路径转换成选区;然后按 Ctrl+Alt+D 快捷键,调出"羽化选区"对话框,设置羽化半径为 150 像素,单击"确定"按钮。

(a)

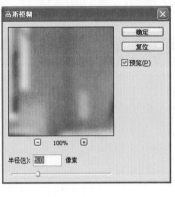

(b)

图 5.72

图 5.73

③ 按快捷键 Ctrl+M，调出"曲线"对话框，选择"RGB"主通道，进行设置，如图 5.75（a）所示。选择"红"通道，进行设置，如图 5.75(b)所示。

图 5.74

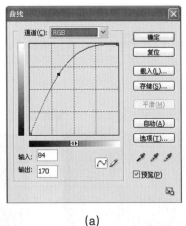

(a)

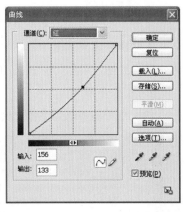

(b)

图 5.75

④ 选择"蓝"通道，进行设置，如图 5.76(a)所示。最后单击"确定"按钮，利用"曲线"命令调整明度和色彩倾向后的效果如图 5.76(b)所示。图片先前发红发黄的感觉减弱了。调整完成后按快捷键 Ctrl+D，取消选区。

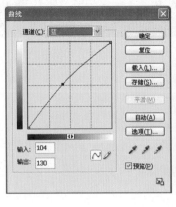

(a)

(b)

图 5.76

(5) 下面对颜色偏红的地板进行色彩和明度的调整。

① 执行菜单栏中的"选择"→"色彩范围"命令调出对话框，然后单击图像中的地板，此刻地板及相关色彩在色彩范围对话框中以白色显示，具体设置如图 5.77 所示。

② 设置完成后，单击"确定"按钮。此刻地板及其相关物体被选中，按 Ctrl+Alt+D 快捷键调出"羽化选区"对话框，设置羽化半径为 150 像素。

③ 按快捷键 Ctrl+M，调出"曲线"对话框，设置参数如图 5.78 所示。

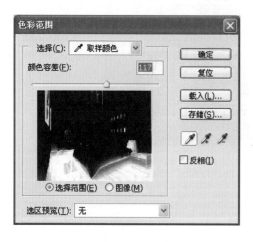

图 5.77

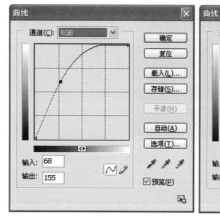 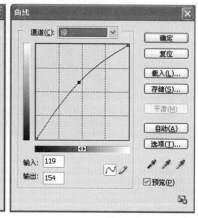

图 5.78

(6) 下面将图片右下角地板区域提亮，加强近处和远处的对比。

① 运用钢笔工具，创建如图 5.79(a)所示的路径，然后按 Ctrl+Enter 快捷键，将路径转成选区，执行菜单栏中的"选择"→"修改"→"羽化"命令，弹出"羽化选区"对话框，设置参数如图 5.79(b)所示。

② 运用"曲线"命令，在 RGB 主通道中调整如图 5.80(a)所示，选区中亮度提高如图 5.80(b)所示。

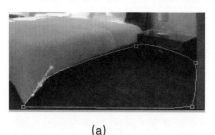 

(a)　　　　　　　　　　　　　　　　　(b)

图 5.79

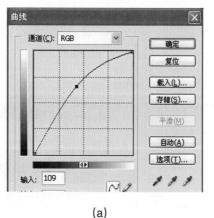 

(a)　　　　　　　　　　　　　　　　　(b)

图 5.80

③ 用同样的方法，将图片左侧部分墙面变得明亮些，减弱偏黄红的颜色。图 5.81（a）是处理前的效果，图 5.81(b)是处理后的效果。

(a)

(b)

图 5.81

(7) 下面通过创建剪切图层蒙版，在床头装饰架中设置风景图案。

① 运用钢笔工具绘制如图 5.82(a)所示的路径；然后新建图层 2，如图 5.82（b）所示。

(a)

(b)

图 5.82

② 创建好路径后，按快捷键 Ctrl+Enter 转换路径为选区，然后设置前景色为白色（R=255、G=255、B=255），按快捷键 Alt+Delete，将白色填充到图层 2 的选区中，如图 5.83 所示。

③ 按快捷键 Ctrl+D，取消选区。打开随书光盘中的文件"第 5 章 / 第 3 节 / 风景"，将其拖入"卧室始"文件中，按快捷键 Ctrl+T，进行自由变换，将其等比缩小，如图 5.84 所示。

图 5.83

图 5.84

④ 执行菜单栏中的"编辑"→"变换"→"透视"命令，将风景图片调整成如图5.85所示的形态，然后按回车键，执行自由变换命令改变图像形态，使其产生近大远小的透视效果。

⑤ 选择图层3（风景图层），按 Alt 键，然后将鼠标指针放在图层3和图层2之间，然后单击，创建剪贴蒙版。具体效果如图5.86（a）所示，图层状态如图5.86(b)所示。

图 5.85

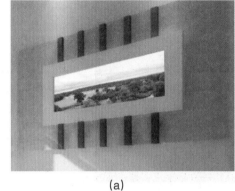

(a)

(b)

图 5.86

⑥ 创建好剪贴蒙版后，按快捷键 Ctrl+M，调出"曲线"对话框，进行设置，如图5.87（a）所示。将风景图片的亮度降低，效果如图5.87(b)所示。

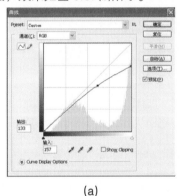

(a)

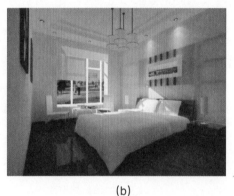

(b)

图 5.87

（8）下面制作发光顶棚效果。

① 运用钢笔工具绘制如图5.88所示路径。

② 新建图层4，设置前景色为白色，选择画笔工具，具体设置如图5.89所示，最后在图像顶棚部分涂抹，效果如图5.90所示。

图 5.88

图 5.89

图 5.90

③ 将先前创建的路径转换成选区，然后按 Delete 键，制作发光顶棚的初步效果，如图 5.91 所示。

④ 按快捷键 Ctrl+D，取消选区。选择图层 4，单击"图层"面板中的"添加图层蒙版"按钮 ，为图层 4 添加图层蒙版，如图 5.92 所示。

图 5.91

图 5.92

⑤ 运用画笔工具，通过在图层 4 的蒙版上涂抹黑色，将吊灯及其吊杆处的白色处理掉。处理前的效果如图 5.93（a）所示，处理后的效果如图 5.93（b）所示。

(a) 处理前                    (b) 处理后

图 5.93

⑥ 用同样的方法，在图层 4 的蒙版中用画笔涂抹黑色，缩小发光顶棚亮度范围。画笔大小和不透明度的设置如图 5.94 所示。

发光顶棚白色区域的发光亮度减弱，范围缩小，处理前后的效果，如图 5.95 所示。

（9）调整完成后的效果如图 5.70 所示。

图 5.94

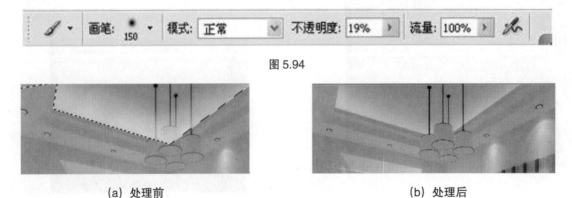

(a) 处理前                    (b) 处理后

图 5.95

**3. 案例小结**

本案例介绍室内效果图的后期处理基本方法，主要是通过运用钢笔选取物体；运用曲线和图层混合模式的改变对卧室效果图进行后期明度、色彩、润色等方面的处理；运用图层蒙版和画笔工具制作发光顶棚的后期处理效果。

## 5.4 别墅效果图后期处理 **FOUR**

**1. 实例介绍**

本节以室外建筑效果图后期处理为例介绍运用钢笔工具选取物体，进行图片合成，运用图层蒙版技术制作人物投影，运用"曲线"命令调整图片明度和色彩变化的操作方法，最终效果图如图5.96所示。

**2. 制作步骤**

（1）打开随书光盘中的文件"第5章/第4节/别墅始"，如图5.97所示。

图 5.96

图 5.97

（2）选择工具箱中的钢笔工具，勾选蓝色的天空，创建一条闭合的可编辑路径，然后按快捷键 Ctrl+Enter，将路径转换成选区，如图5.98所示。

（3）按快捷键 Ctrl+Shift+I，反选选区，然后按快捷键 Ctrl+J，将背景图层选区中的内容复制到新建的图层1中，隐藏背景图层，如图5.99（a）所示，"图层"面板显示如图5.99（b）所示。

图 5.98

（a）　　　　　　　　　　（b）

图 5.99

（4）打开随书光盘中的文件"第 5 章 / 第 4 节 / 风景"，并将其调入"别墅始"文件中，将风景文件所在的图层 2 图层调整到图层 1 的下方，如图 5.100（a）所示，并调整大小和位置，效果如图 5.100（b）所示。

(a)

(b)

图 5.100

（5）打开随书光盘中的文件"第 5 章 / 第 4 节 / 树木 1"，将其调入"别墅始"文件中，然后对树木所在的图层 3 执行菜单栏中的"编辑"→"自由变换"→"水平翻转"命令，如图 5.101（a）所示，水平翻转图像，并调整大小和位置如图 5.101（b）所示。

(a)

(b)

图 5.101

（6）复制图层 3，并调整位置，效果如图 5.102（a）所示，"图层"面板显示如图 5.102（b）所示。

(a)

(b)

图 5.102

（7）运用上述讲解的方法，将树木 2 调入"别墅始"文件中，并调整大小。复制树木 2 所在的图层，调整位置，如图 5.103 所示。

（8）运用同样的方法，将树木 3 文件调入"别墅始"文件中，并复制树木 3 所在的图层，调整位置，如图 5.104 所示。

图 5.103　　　　　　　　　　　　　　　　图 5.104

（9）运用同样的方法，将树木 4 文件调入"别墅始"文件中，并复制树木 4 所在的图层，调整位置，如图 5.105 所示。

（10）调入人物，进行合成。

打开随书光盘中的文件"第 5 章 / 第 4 节 / 人物 1"，将其调入"别墅始"文件中，并调整位置，如图 5.106 所示。

图 5.105　　　　　　　　　　　　　　　　图 5.106

（11）制作人物的投影。

① 复制人物 1 图层，对其执行菜单栏中的"编辑"→"变换"→"旋转 90 度（顺时针）"命令，然后按住快捷键 Ctrl+Shift+Alt，将鼠标指针放在矩形任一短边的中间结点上，按住鼠标左键向上或向下拖动进行自由变换，将其变成平行四边形，如图 5.107(a)所示；最后将自由变换的矩形短边缩短，如图 5.107(b)所示。

② 按 Enter 键，完成自由变换。按快捷键 Ctrl+M，调出"曲线"对话框，在 RGB 通道中进行如图 5.108(a)所示的设置，复制并自由变换后的人物如图 5.108(b)所示。

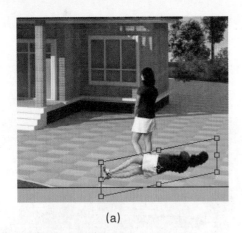
(a)

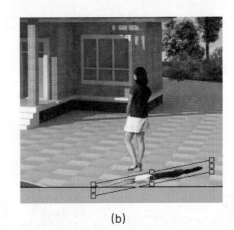
(b)

图 5.107

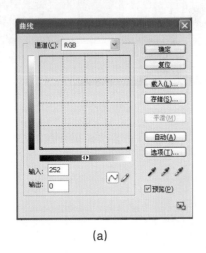
(a)

(b)

图 5.108

③ 调整好人物①副本图像的位置，如图 5.109（a）所示；并调整该图层不透明度为 30%，最后将人物 1 副本图层调整到人物图层下面，图层位置调整如图 5.109（b）所示。调整好后的图像效果如图 5.109 (c)所示。

(a)

(b)

(c)

图 5.109

④ 运用上述讲解的方法调入另一张人物图像，并调整好位置，如图 5.110 所示。

⑤ 运用前面讲解的制作人物阴影的方法，制作该人物的阴影，如图 5.111 所示。

（12）调入飞鸟，并调整位置，如图 5.112 所示。

| 图 5.110 | 图 5.111 | 图 5.112 |

（13）用工具箱中的加深工具，在树木暗部和地面投影位置涂抹，进行投影加深处理，最后效果如图 5.96 所示。

### 3. 案例小结

本案例介绍室外效果图的后期处理方法。主要使用钢笔工具准确选取物体并进行图片合成，同时利用图层蒙版并结合画笔工具制作人物投影，使用涂抹工具制作树木投影，利用曲线等色彩处理工具调整图片明度和色彩变化，综合运用上述工具、命令完成实例制作。

## 5.5　插画制作 FIVE

### 1. 实例介绍

本节以花卉插画设计为例介绍运用钢笔工具勾勒花卉、叶、茎轮廓，填充色彩后运用加深工具添加明暗效果，同时运用"曲线"命令修改明暗冷暖色调的操作方法。关键技术是用钢笔工具绘制路径。最终效果如图 5.113 所示。

### 2. 制作步骤

（1）新建文件，文件名称和具体参数如 5.114 所示。

（2）选择钢笔工具，在白色的背景上绘制花卉路径轮廓，如图 5.115 所示。

| 图 5.113 | 图 5.114 | 图 5.115 |

（3）新建图层 1，设置前景色的颜色为淡红色（R=252、G=112、B=112），然后单击"路径"面板下方的

"用前景色填充路径" 按钮 ●，将设置好的淡红色填充到图层 1 路径中，如图 5.116 所示。

（4）选中工具箱中的加深工具 ，可以灵活设置画笔笔头大小和曝光度数值，在花卉平面图上拖动鼠标或单击，为花卉添加阴影，如图 5.117 所示。

图 5.116

图 5.117

（5）绘制花朵。

① 新建图层 2，运用钢笔工具绘制花朵轮廓，如图 5.118（a）所示；然后将淡红色填充到绘制的花朵轮廓中，如图 5.118（b）所示。

② 用钢笔工具绘制花瓣亮部区域路径，如图 5.119（a）有结点的路径所示。然后将路径转成选区，并反选，最后运用加深工具 轻轻涂抹花瓣暗部区域，如图 5.119(b)所示。

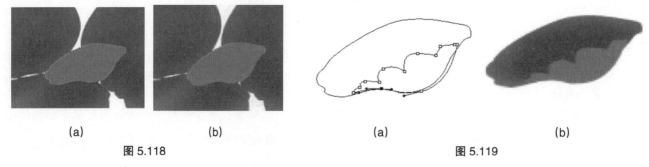

（a） 　　　　　　　（b）　　　　　　　　　　（a）　　　　　　　　　（b）

　　　　图 5.118　　　　　　　　　　　　　　　　图 5.119

③ 新建图层 3，运用前面介绍的方法建立另一个花瓣形路径如图 5.120（a）所示；填充路径后，用加深工具涂抹，制作光影效果，如图 5.120(b)所示。

④ 新建图层 4，继续制作另一个花瓣形路径如图 5.121（a）所示；填充路径后，用加深工具涂抹，制作光影效果，如图 5.121（b）所示。

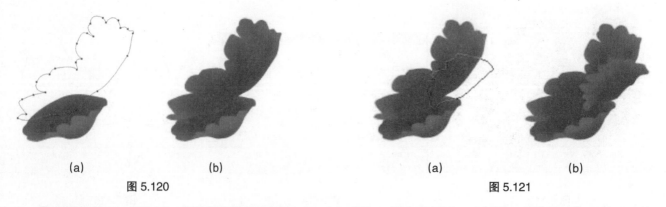

（a）　　　　　　　　（b）　　　　　　　　　（a）　　　　　　　　　（b）

　　　图 5.120　　　　　　　　　　　　　　　　图 5.121

⑤ 新建图层 5，制作另一个花瓣形路径如图 5.122（a）所示；填充路径后，用加深工具涂抹暗部，并运用第一次制作花瓣亮部的方法，制作亮部和暗部光影效果，将图层 5 拖移到其他已有花瓣图层的下方，如图 5.122

（b）所示。

⑥ 新建图层6，制作另一个花瓣形路径如图5.123（a）所示；填充路径后，用加深工具涂抹暗部，制作出光影效果，并将图层6拖移到其他已有花瓣图层的下方，如图5.123（b）所示。

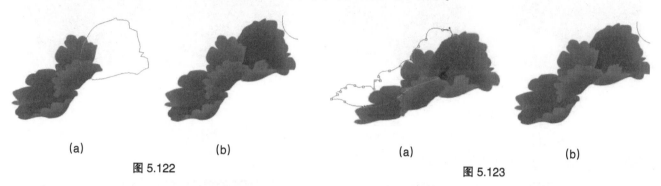

（a）　　　　　　　　（b）　　　　　　　　　　　（a）　　　　　　　　（b）

图 5.122　　　　　　　　　　　　　　　　图 5.123

⑦ 新建图层7，制作另一个花瓣形路径如图5.124（a）所示；填充路径后，用加深工具涂抹暗部，制作出光影效果，并将图层7拖移到其他已有花瓣图层的下方，如图5.124（b）所示。

⑧ 新建图层8，制作另一个花瓣形路径如图5.125(a)所示；填充路径后，用加深工具涂抹暗部，制作出光影效果，并将图层8拖移到其他已有花瓣图层的下方，如图5.125（b）所示。

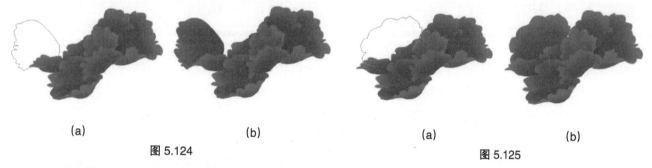

（a）　　　　　　　　（b）　　　　　　　　　　　（a）　　　　　　　　（b）

图 5.124　　　　　　　　　　　　　　　　图 5.125

⑨ 新建图层9，制作另一个花瓣形路径如图5.126(a)所示；填充路径后，用加深工具涂抹暗部，制作出光影效果，并将图层9拖移到其他已有花瓣图层的下方，如图5.126（b）所示。

⑩ 新建图层10，制作另一个花瓣形路径如图5.127（a）所示；填充路径后，用加深工具涂抹暗部，制作出光影效果，并将图层10拖移到其他已有花瓣图层的下方，如图5.127（b）所示。

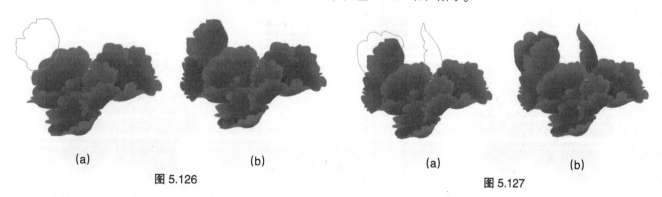

（a）　　　　　　　　（b）　　　　　　　　　　　（a）　　　　　　　　（b）

图 5.126　　　　　　　　　　　　　　　　图 5.127

⑪ 新建图层11，制作另一个花瓣形路径如图5.128（a）所示；填充路径后，用加深工具涂抹暗部，制作出光影效果，并将图层11拖移到其他已有花瓣图层的下方，如图5.128(b)所示。

⑫ 显示图层1，用加深工具增加花瓣暗部明度，提高花瓣的层次感，如图5.129（a）所示。在花瓣暗部区域创建一个选区，如图5.129(b)所示。

(a)　　　　　　　　　　(b)　　　　　　　　　　(a)　　　　　　　　　　(b)

图 5.128　　　　　　　　　　　　　　　　　图 5.129

⑬ 羽化选区（羽化数值设置为 35）。按快捷键 Ctrl+M 调出 "曲线" 对话框，在 RGB 通道中设置曲线如图 5.130（a）所示；在蓝通道中设置曲线如图 5.130（b）所示。

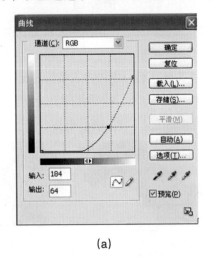　　　　　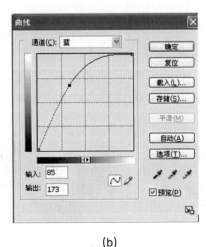

(a)　　　　　　　　　　　　　　　　(b)

图 5.130

⑭ 在 RGB 通道中调整曲线是为了降低选区中花瓣的明度，在蓝通道中调整曲线是为了让选区偏蓝，让花瓣的明暗有冷暖对比关系。调整结束后，按快捷键 Ctrl+D 取消选区，如图 5.131 所示。

（6）制作花蕊。选中工具箱中画笔工具 ✐，设置画笔参数如图 5.132 所示。

设置前景色为黄色（R=255、G=255、B=0），新建图层 12，用画笔单击或拖动，制作花蕊，如图 5.133 所示（注：画笔的参数可根据花蕊形态灵活设置）。

　　　　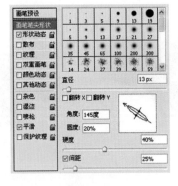　　　　

图 5.131　　　　　　　　　图 5.132　　　　　　　　　图 5.133

（7）制作绿叶。

① 新建图层 13，用钢笔工具在花卉旁绘制部分绿叶形的路径，如图 5.134（a）所示；然后设置前景色为绿色（R=140、G=184、B=73），将绿色填充到图层 13 的路径中，然后用加深工具涂抹阴影，如图 5.134(b)所示。

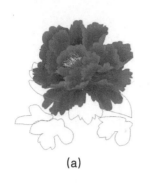 

(a)              (b)

图 5.134

② 新建图层 14，用钢笔工具在花卉旁绘制另外一些绿叶形的路径，如图 5.135(a)所示；然后设置前景色为绿色（R=140、G=184、B=73），将绿色填充到图层 14 的路径中，然后用加深工具涂抹阴影，最后调整图层位置，让绿叶有前后叠加的感觉，如图 5.135(b)所示。

(a)              (b)

图 5.135

（8）制作花卉的根茎。

① 新建图层 15，用钢笔工具绘制根茎的路径，如图 5.136（a）所示，然后设置前景色为黄色（R=208、G=212、B=40），将黄色填充到图层 15 的路径中，然后用加深工具涂抹阴影，最后调整图层位置，让根茎在绿叶的后面，如图 5.136（b）所示。

② 新建图层 16，绘制绿叶的叶茎。选择加深工具，设置工具大小为（4~8 px），曝光度（15%~20%），画笔硬度为 0%。然后选中绿叶所在的图层，用鼠标指针在绿叶上轻轻拖动，制作出叶茎的效果，如图 5.137 所示。

③ 将背景层的颜色填充为黄色（R=255、G=251、B=139），选中画笔工具，设置前景色为淡红色，调整画笔工具的不透明度为 8%左右，然后在绿叶的暗部轻轻涂抹，制作出暗部偏暖的效果，略微增强画面的冷暖色调对比。

（9）保存文件，完成制作。最终效果如图 5.113 所示。

(a)             (b)

图 5.136                            图 5.137

### 3. 案例小结

本案例主要介绍用钢笔路径工具、加深工具、"曲线"命令等制作花卉的插画，介绍钢笔路径工具的使用技巧，用加深工具表现图像明暗变化的技巧，以及用"曲线"命令微调图像冷暖对比关系的方法。

[1] 锐艺视觉. Photoshop CS3 中文版完全学习手册 [M]. 北京：中国青年出版社，2008.

[2] 李锐，李哲. Photoshop CS3 中文版完全自学教程 [M]. 北京：机械工业出版社，2008.

[3] 锐艺视觉. Photoshop CS3 图像设计经典演绎手册 [M]. 北京：中国青年出版社，2008.

[4] 邓鸿. Photoshop 数码照片处理 108 例 [M]. 北京：中国青年出版社，2005.

[5] Adobe Systems Incorporated. Adobe Photoshop CS5 官方教程 [OL]. (2010–05–06) http://www.xp366.com/soft/8274.html.